# LE TERRAIN HOUILLER

# DE BASSE-NORMANDIE

## SES RESSOURCES, SON AVENIR

---

## NOTICE DESCRIPTIVE

PUBLIÉE SOUS LES AUSPICES

DU CONSEIL GÉNÉRAL DU CALVADOS ET DE LA CHAMBRE DE COMMERCE DE CAEN

### Par M. E.-F. VIEILLARD

INGÉNIEUR AU CORPS DES MINES

## CAEN

TYP. DE F. LE BLANC-HARDEL, LIBRAIRE

RUE FROIDE, 2 ET 4

---

1874

# LE TERRAIN HOUILLER

# DE BASSE-NORMANDIE

## SES RESSOURCES, SON AVENIR

# LE TERRAIN HOUILLER

# DE BASSE-NORMANDIE

## SES RESSOURCES, SON AVENIR

---

## NOTICE DESCRIPTIVE

PUBLIÉE SOUS LES AUSPICES

DU CONSEIL GÉNÉRAL DU CALVADOS ET DE LA CHAMBRE DE COMMERCE DE CAEN

PAR M. E.-F. VIEILLARD

INGÉNIEUR AU CORPS DES MINES

CAEN

TYP. DE F. LE BLANC-HARDEL, LIBRAIRE

RUE FROIDE, 2 ET 4

---

1874

# AVANT-PROPOS.

———

Émue de la situation critique faite à l'industrie par le renchérissement des charbons anglais, qui viennent presque seuls alimenter les différents ports du littoral et les centres de consommation de Basse-Normandie, la Chambre de commerce de Caen s'est demandé, dès le mois de septembre 1872, si, pour conjurer cette situation, il ne serait pas utile de rechercher de nouveaux gisements houillers dans le département du Calvados, et de tirer un meilleur parti de ceux connus jusqu'à ce jour (1).

La question a été étudiée dans le sein de la Chambre de commerce ; l'un de ses membres a fait une enquête

(1) Ainsi que l'établit M. le comte de Ruolz dans son récent ouvrage sur la Question des houilles, les charbons anglais, qui s'introduisent par vingt et un de nos ports, sont maîtres des marchés du Havre, de Honfleur, Trouville, Caen, Cherbourg et des lieux de consommation de l'intérieur alimentés par ces ports. Aucune concurrence n'est possible sur ces marchés pour les charbons de nos grands bassins français, même pour ceux apportés par cabotage des départements du Nord et du Pas-de-Calais.

Des charbons extraits du sol même de la Basse-Normandie pourraient seuls affronter la concurrence redoutable des charbons anglais, surtout si les prix élevés de ces derniers temps se maintiennent.

Le tableau ci-après montre les fluctuations de prix des gros charbons

## — 6 —

sur les ressources du bassin houiller de Littry , le
seul qui soit actuellement en exploitation en Basse-
Normandie , et sur l'opportunité de la recherche de
nouveaux gisements. A la suite de cette communication, la Chambre de commerce de Caen a demandé,
dans sa séance du 7 janvier 1873 , que cette grave
question fût soumise à l'examen des ingénieurs des
mines et qu'il fût fait ensuite appel à la sollicitude
du Conseil général du Calvados, soit pour encourager,
soit même pour entreprendre de nouvelles recherches
sur la formation houillère , incomplètement étudiée
jusqu'à ce jour et connue en deux points seulement,
à Littry ( Calvados ) et au Plessis ( Manche ).

de Cardiff pour usines, sur le marché de Caen , du 1ᵉʳ mars 1871
jusqu'à ce jour.

| ANNÉES. | | | | ANNÉES. | | | |
|---|---|---|---|---|---|---|---|
| MOIS. | 1871 | 1872 | 1873 | 1874 | MOIS. | 1871 | 1872 | 1873 |
| Janvier. . | » | 34 | 44 | 47 | Juillet. . . | 29 | 38 | 44 |
| Février. . | » | 34 | 48 | 45 | Août. . . | 28.50 | 44 | 45 |
| Mars. . . | 30 | 35 | 50 | 43 | Septembre | 29 | 48 | 46 |
| Avril. . . | 29 | 35 | 49 | » | Octobre. . | 30 | 49 | 47 |
| Mai.. . . | 29 | 35 | 46 | » | Novembre. | 31 | 44 | 48 |
| Juin . . . | 28.50 | 36 | 44 | » | Décembre. | 33 | 43 | 49 |

Les prix des autres charbons qui se vendent sur ce marché se  sont
accrus dans la même proportion, c'est-à-dire entre 50 et 66 °/₀ , depuis
dix-huit mois.

Examinant, avec toute l'attention qu'elle comporte, la demande de la Chambre de commerce de Caen, nous avons constaté, dans un rapport en date du 25 mars 1873, qu'il n'est pas tiré, en effet, tout le parti utile des richesses houillères que doit renfermer le sol des départements du Calvados et de la Manche, que les bassins de Littry et du Plessis, qui font très-vraisemblablement partie d'une seule et même formation, sont encore insuffisamment connus, qu'il y aurait un grand intérêt à les mieux explorer, à en étudier les prolongements et surtout à établir, par des sondages, leur jonction souterraine ; mais, que de semblables recherches, l'initiative privée devait seule les entreprendre, sans compter actuellement sur des encouragements matériels de la part de l'État ou du département du Calvados, dont les budgets ont été lourdement grevés par les événements des dernières années.

A défaut de subventions pour des recherches intéressant d'aussi près le développement de la prospérité nationale, les explorateurs peuvent compter au moins sur les encouragements moraux de l'administration et dans cette voie, quelque chose serait à faire, exposions-nous dans le même rapport, pour guider les explorateurs et leur éviter les mécomptes ou les erreurs de leurs devanciers : ce serait de grouper, de coordonner tous les renseignements que peut posséder ou recueillir le Service des Mines sur la formation houillère de la Basse-Normandie et de donner à ce travail une publicité suffisante pour faire appel à l'esprit d'initiative et montrer là où cette initiative pourrait utilement porter ses investigations et ses capitaux.

Adoptant ces vues, le Conseil général du Calvados a décidé, dans sa séance du 26 août dernier, l'impression de la notice descriptive qui va suivre.

Telles sont les circonstances qui ont donné lieu à ce travail, publié non-seulement sous les auspices du Conseil général du Calvados, mais encore avec le concours de la Chambre de commerce de Caen dans le sein de laquelle était née la question de la recherche de nouveaux gisements houillers.

Les matériaux de cette publication, dont nous avons restreint le cadre en nous bornant aux faits strictement nécessaires pour établir l'allure et l'importance de la formation houillère de Basse-Normandie, sont extraits, tant des archives de la mine de Littry qu'a mises à notre disposition le directeur de cette exploitation, M. Tarnier, avec une entière obligeance dont nous devons lui témoigner ici tous nos remerciments, que des archives et des documents recueillis par le Service des Mines depuis 1816 jusqu'à ce jour.

Nos prédécesseurs au poste d'ingénieur des Mines, à Caen, se trouvent être ainsi les collaborateurs de ce travail, et il ne serait pas équitable, dans cet Avant-Propos, d'en passer les noms sous silence (1),

---

(1) Les ingénieurs des mines, à Bayeux, puis à Caen, ont été :

| | |
|---|---|
| Feu M. l'ingénieur Grandin . . . . . . . . . | de 1816 à 1819 |
| Feu M. Hérault, ingénieur en chef, directeur. . . | de 1819 à 1845 |
| M. Harlé, actuellement inspecteur général des mines. | de 1845 à 1853 |
| M. l'ingénieur Duchanoy . . . . . . . . . . | de 1853 à 1859 |
| M. l'ingénieur Massieu. . . . . . . . . . | de 1859 à 1861 |
| M. l'ingénieur Dubois. . . . . . . . . . | de 1861 à 1864 |
| M. l'ingénieur Vieillard . . . . . . . . . | de 1864 à 1874 |

car chacun d'eux a apporté à cette notice sa part de matériaux et d'aperçus.

Grande a été, en particulier, hâtons-nous de le reconnaître, celle de feu M. l'ingénieur en chef Hérault qui, pendant ses vingt-six années de longs et honorables services, a su jeter une vive lumière sur toutes les questions rentrant dans son cercle d'études et ses attributions, soit que, dans d'intéressantes publications, il esquissât un des premiers la constitution géologique du département du Calvados, soit qu'il s'occupât de la mine de Littry, qui paraît avoir été un de ses sujets de recherche privilégiés, et auprès de laquelle il avait conquis, en dehors de sa situation officielle, celle d'un Conseil éclairé et justement apprécié.

Pour la partie historique et technique relative à l'exploitation de la mine de Littry, pendant le siècle dernier, nous avons puisé de nombreux documents dans un intéressant Mémoire présenté au Conseil des mines par M. le vicomte Héricart de Thury, ingénieur des mines, et accueilli avec de grands éloges dans la réunion tenue par ce Conseil, le 27 mai 1800.

Cette notice est divisée en quatre chapitres qui concernent les points distincts que nous nous sommes proposé d'étudier successivement dans ce travail.

Le premier chapitre est consacré à une description géologique tracée à grands traits de cette région du Bessin et du Cotentin, figurée sur la première des cartes jointes à la notice, qui s'étend entre Bayeux, Valognes et St-Lo, et comprend dans son entier cette sorte de baie profonde à laquelle les géologues ont donné le nom de golfe du Cotentin.

Le deuxième chapitre contient une étude historique, géologique et technique de la mine du Plessis.

Une étude semblable, portant sur la mine de Littry, fait l'objet du troisième chapitre.

Enfin, le quatrième est consacré aux conclusions qui découlent des faits établis dans les trois chapitres précédents, au sujet du prolongement du terrain houiller au-delà des points sur lesquels sa présence est manifeste et de la jonction souterraine des bassins de Littry et du Plessis.

C'est dans ce dernier chapitre que se trouvent indiquées les régions sur lesquelles de nouvelles recherches pourraient être entreprises avec de sérieuses chances de réussite. Une étude économique montre, en outre, les débouchés que trouveraient les produits d'exploitations futures, les voies de communication que ces produits pourraient suivre pour se rendre sur les principaux marchés, l'importance qu'a prise depuis quarante ans la consommation houillère, et en particulier celle des charbons anglais, dans les deux départements du Calvados et de la Manche.

Nous reléguons enfin en annexes un certain nombre de coupes de puits et de sondages qu'il importe de faire connaître et qui n'auraient pu être introduites dans le corps des chapitres I, II et III, sans que ce fût aux dépens de la clarté et de la concision des descriptions que renferment ces chapitres.

# CHAPITRE I.



La région dont nous nous proposons de faire connaître, dans ce chapitre, la constitution géologique s'étend au nord jusqu'à Valognes, au sud jusqu'à St-Lo, se termine à l'est aux portes de Bayeux et se trouve limitée au nord-est par la mer de la Manche ; elle comprend une partie des petits pays désignés autrefois sous les noms de Bessin et de Cotentin (1) et est entièrement figurée sur la première des cartes jointes à cette notice.

C'est la seule partie de la Basse-Normandie dans laquelle le terrain houiller ait été jusqu'à ce jour signalé et exploré ; elle comprend dans leur entier les concessions de Littry et du Plessis ; aussi, est-ce celle à laquelle nous bornerons notre étude géologique et descriptive, tout en ne disconvenant pas que, par la suite, il sera peut-être possible de retrouver sur

(1) Le Bessin était un petit pays qui s'étendait entre Bayeux, Isigny et St-Lo, et était limité au sud par le Bocage normand.

Le Cotentin comprenait toute la région nord du département de la Manche jusqu'à Avranches au sud et St-Lo à l'est ; sa capitale était Coutances.

Les dénominations de Bessin et de Cotentin sont encore usitées aujourd'hui ; mais elles s'appliquent plus particulièrement à des régions agricoles distinctes, celle s'étendant entre Bayeux et la Vire pour le Bessin et celle comprise entre Valognes et la même rivière pour le Cotentin.

d'autres points de la Basse-Normandie le prolongement de la formation houillère limitée jusqu'à présent
au golfe du Cotentin.

L'expression de golfe du Cotentin, qui figure dans
le titre de ce chapitre et qui revient ici, a tout d'abord
besoin d'être expliquée et justifiée ; elle va l'être dans
un instant, dès qu'aura été esquissée en quelques
lignes la constitution géologique de la région qui
nous occupe tout particulièrement.

Les terrains éruptifs et de transition, qui constituent en Bretagne un puissant massif, se prolongent
au nord jusque dans les départements de la Manche
et du Calvados. Dans la Manche, ces terrains occupent plus des neuf dixièmes de la surface du département ; ils couvrent encore un tiers du Calvados et
forment la région du Bocage qui s'étend entre Balleroy, Vire et Falaise et se prolonge presque jusqu'au
chef-lieu du département. Si l'on trace sur une carte
la limite de ces terrains, tous antérieurs à la formation houillère et aux terrains secondaires et tertiaires (ce qui a été fait sur la carte jointe à ce travail à l'aide des nombreux documents que nous avons
recueillis pour la confection d'une carte géologique
du département de la Manche, en cours d'exécution),
on est frappé de voir cette limite constituer une sorte
de baie échancrée, de golfe profond s'étendant entre
Valognes, Périers et Bayeux. C'est à cette baie successivement visitée par la mer, comme nous aurons
occasion de le faire voir, pendant les différentes périodes qui se sont suivies après le dépôt des terrains
de transition que les géologues ont donné le nom de
golfe de Cotentin, dénomination purement géologique, mais qui pourrait encore être prise dans son

acception ordinaire si, par des travaux d'art faits dans le courant du siècle dernier, près des embouchures de la Taute et de la Douve, on n'avait pas empêché les eaux de la Manche de venir à chaque haute mer submerger les marais qui entourent Carentan.

Les terrains éruptifs et de transition qui enceignent le golfe du Cotentin sont des plus variés. Tandis qu'entre Périers, Montreuil, St-Sauveur-Lendelin et Montsurvent, s'étend un massif déchiqueté, de forme très-irrégulière, constitué par des syénites, sorte de granites dans lesquels l'amphibole se substitue au mica, on ne trouve ensuite, entre Marigny, St-Lo et Balleroy, que les assises les plus inférieures des terrains de transition, des schistes, phyllades et grauwackes présentant des strates fortement redressées, généralement orientées est 10° à 15° nord et donnant au sol un relief accidenté, le relief caractérisé par nombre de petits coteaux et de vallées irrégulières que l'on voit dans le Bocage. Ces schistes, auxquels les gens du pays donnent le nom particulier de pierre *bocaine*, se prolongent jusqu'à Littry et c'est sur eux que repose le terrain houiller en cet endroit ; ils sont parfois fissiles et ardoisiers et ont pu être exploités comme ardoises en différents points, notamment à Caumont-l'Éventé (Calvados). Parfois aussi, ils présentent des intercalations de calcaire marbre que l'on a mis à profit pour la fabrication de la chaux sur les bords de la Vire, à Cavigny et à la Meauffe. Aucun reste organique n'a jamais été trouvé jusqu'ici dans ces schistes et grauwackes formant le terrain cambrien des savants auteurs de la carte géologique de France.

A l'ouest de Périers , sur le revers occidental du massif syénitique , on retrouve les mêmes schistes inférieurs ; mais , en allant ensuite au nord , vers la Haye-du-Puits, St-Sauveur et Valognes, on quitte les schistes cambriens pour rencontrer des couches plus récentes de grès et de schistes, surtout de grès, appartenant à la partie moyenne du terrain silurien et dessinant à la surface de la presqu'île de la Manche des lignes de relief plus étendues , plus régulières et plus élevées que celles que l'on trouve dans la région des schistes inférieurs.

Des grès fort durs passant aux quartzites constituent la haute chaîne de Montcastre qui , apparaissant près de la Haye-du-Puits , vient mourir à l'angle N. O. de la concession du Plessis ; on retrouve de semblables grès à St-Sauveur-le-Vicomte et dans ses environs ; ils forment notamment , au nord de Valognes , entre Brix et Montaigu-la-Brisette , de hautes rides de terrain orientées N. E. et quelques pitons isolés ; ils constituent enfin la chaîne distincte qui , de St-Cyr , passe près de Montebourg et vient s'éteindre à Quinéville sous les dunes du rivage. Ces grès sont peu fossilifères, mais on trouve, dans des schistes bruns qui leur sont associés , la faune caractérisée par ses trilobites des ardoises d'Angers , de la partie moyenne du terrain silurien.

La partie supérieure de ce même terrain , représentée seulement par des schistes noirs charbonneux à graptolites et à cardioles , renfermant des boules et des nodules de calcaire généralement riches en orthocères , a laissé également de ses traces dans le Cotentin. — On en voit à Lestre , sur le flanc nord de la chaîne de grès de Montebourg , à Bricquebec , à

St-Sauveur-le-Vicomte et ce même niveau a été retrouvé aux portes de Caen, à Feuguerolles.

Le terrain dévonien est venu ensuite déposer ses schistes, ses grès et ses calcaires dans les basses vallées s'étendant entre les hautes chaînes siluriennes ; il apparaît sur les bords du golfe du Cotentin, au nord et à l'ouest de Valognes, entre Tamerville, Négreville et Néhou, et a donné à cette dernière localité, fréquemment visitée par les géologues, une réputation justifiée ; au sud de St-Sauveur, on le retrouve encore, entre Varanguebecq, La Haye-du-Puits, Prétot et Ste-Suzanne, et, dans ces deux dernières localités très-voisines de la mine du Plessis, il renferme des lambeaux de calcaire dont il est tiré parti et pour la cuisson desquels les charbons de cette concession trouveraient un emploi tout naturel et des plus avantageux.

Avec les assises dévoniennes prennent fin les terrains de transition ; nous croyons cependant utile de signaler encore ici l'apparition du calcaire carbonifère dans une région du département de la Manche, non figurée sur la carte, située fort loin du golfe du Cotentin, au sud de Coutances, entre Hyenville, Montmartin-sur-Mer et Regneville.

Le calcaire carbonifère, avec sa faune caractéristique, apparaît là, formant un lambeau de peu d'étendue, et n'est surmonté par aucune des couches de la formation houillère proprement dite. L'éloignement de ce lambeau de la partie des départements de la Manche et du Calvados où le terrain houiller a été mis en évidence montre que, dans la région du Cotentin, comme sur bien d'autres points, il y a indépendance complète entre le terrain carbonifère et la formation houillère et que, dans l'intervalle entre le dépôt de l'un et de l'autre, il a dû se produire un déplacement des mers dans le sein ou sur le rivage desquelles prenaient naissance ces dépôts successifs.

En vue d'éviter toute confusion, nous avons fait figurer, sur la carte jointe à cette notice, tous les terrains antérieurs à la formation houillère par une teinte unique, la couleur brune, quelque variés que soient d'ailleurs l'âge et l'origine de ces terrains. Notre but a été d'affecter cette teinte unique à une région où ce serait un non-sens géologique d'aller rechercher la houille, puisque cette région ne renferme que des formations antérieures au terrain houiller.

De nombreux explorateurs sont venus cependant épuiser en pure perte, dans cette zone des terrains de transition, leurs efforts et leurs capitaux, entreprenant des travaux parfois importants sur de simples indices de schistes charbonneux faisant partie des schistes cambriens ou plus généralement du niveau des schistes à ampélites que nous avons signalés plus haut. Duhamel rapporte que, en 1778, un puits de 150 pieds fut foncé, à St-Sauveur-le-Vicomte, sur cet étage ampélitique, dans la vallée de la Douve et ne rencontra que les galets du fond de la vallée; tout récemment encore, en 1867, des recherches éphémères de houille furent entreprises sur ces mêmes schistes de St-Sauveur.

D'autres recherches ont été faites, en 1791, à Bricquebec, sur les propriétés de la famille de Montmorency, à Lestre et à Mobecq, sur ce même niveau de schistes charbonneux; il a été également exploré en vain, à la fin du siècle dernier et depuis, à Feuguerolles et à Evrecy, près de Caen (1).

À Montreuil, Bérigny, Sémilly, Saussaye et Ourville, on a fait aussi des recherches infructueuses de houille, non sur les schistes à ampélites, mais sur les schistes inférieurs du terrain cambrien.

Nous avons tenu à donner cette énumération encore incomplète des points des départements de la Manche et du Calvados sur lesquels on a recherché bien inutilement la houille pour montrer qu'avec les connaissances géologiques que l'on possède aujourd'hui, l'insuccès de ces tentatives s'explique tout naturellement.

Espérons que ces exemples ne seront pas perdus et que, dans l'avenir, les explorateurs sauront profiter des données de la science pour laisser de côté cette

_________

(1) Par arrêt du Conseil en date du 4 avril 1786, le sieur Charles Pierre, entrepreneur des étapes à Caen, avait été autorisé à exploiter pendant vingt ans une soi-disant mine de charbon existant dans les paroisses de May et de Feuguerolles. Une société se forma et l'on entreprit des recherches à Feuguerolles, sur des schistes noirâtres orientés N. O.-S. E., plongeant de 30° au N. E. et associés à des calcaires également noirâtres avec orthocères et graptolites.

Deux puits, dont l'un de 65 mètres de profondeur, furent foncés à 350 mètres de la rivière d'Orne et à 40 mètres l'un de l'autre ; 130 mètres de galeries furent ouverts au fond de ces puits, tant à l'est qu'à l'ouest, et, dans ces travaux, fut engloutie, de 1786 à 1790, une somme de 150,000 livres.

En 1836, une société Lebreton-Vallée et C° voulut reprendre ces recherches ; elle se borna à épuiser les eaux des vieux travaux et présenta une demande en concession qui ne fut pas accueillie. Dans la même région, on fit également des recherches de houille, en 1822, à Evrecy, sur des argiles bitumineuses associées aux calcaires de transition qui se montrent dans cette commune.

région des terrains de transition où, malgré quelques indices charbonneux principalement fournis par la zone des schistes ampélitiques, toute recherche de houille ne saurait amener que des mécomptes.

C'est dans l'intérieur même du golfe du Cotentin, dans le sein de ses profondeurs variables en raison de la nature des sédiments de transition qui le constituent, que les explorateurs, avec cette ténacité qui parfois les caractérise et vient doubler leurs chances de réussite, pourront utilement porter leurs efforts; car, dans l'intérieur de ce golfe, sont venues successivement se déposer, comme nous l'allons voir, une grande partie des formations géologiques postérieures aux terrains de transition.

Dans l'énumération rapide de ces formations, le terrain houiller a la première et semblerait devoir prendre la principale place; il n'en sera rien cependant. Cette formation est presque partout recouverte par des couches plus récentes et elle n'apparaît au jour, au Plessis, à Littry et à Moon, sur des étendues extrêmement restreintes, que par le fait d'éruptions porphyriques qui en ont violemment redressé les assises et ont permis de reconnaître, il y a déjà plus d'un siècle, l'existence du terrain houiller dans la Basse-Normandie.

Nous ne pourrions entreprendre dans ce chapitre, sans entrer dans de fort longs développements, la description du terrain houiller; elle trouvera naturellement sa place dans les chapitres II et III, consacrés à chacune des mines du Plessis et de Littry ainsi que dans le chapitre IV dans lequel nous traiterons de la continuité du terrain houiller dans l'intérieur du golfe de Cotentin.

Au-dessus des couches de schistes, de grès et de combustibles de ce terrain, est venue se déposer une formation tellement puissante de grès rouges et blanchâtres, de schistes argileux, généralement rouges, de poudingues, de calcaires gris, roses et blancs, un peu fétides et souvent magnésiens, qu'un sondage ouvert sur cette formation, à Engleville, près de Bricqueville, dans la région nord de la concession de Littry (voir la coupe de ce sondage, annexe n° 17), a atteint une profondeur de 263 mètres sans sortir de ce terrain.

Jusqu'à ce jour, on a fait de cet ensemble une formation unique, désignée par M. de Caumont sous le nom de *Red-marle* dans les cartes géologiques des départements du Calvados et de la Manche, qu'il a publiées de 1825 à 1828, et portant la teinte du trias sans subdivision aucune sur la grande carte géologique de France.

Nous représentons également cette formation, permienne à la base, triasique dans la partie supérieure et en y annexant les petits lambeaux mis à nu de terrain houiller, par la teinte unique (le blanc, absence de couleur) dans la carte du golfe du Cotentin ; mais nous devons nous appesantir ici, en raison de leur connexion intime avec le terrain houiller, sur les subdivisions qu'il paraît plausible d'établir dans cet ensemble de couches, malgré d'assez grandes difficultés résultant de l'absence de discordances manifestes de stratification et des passages graduels que présentent ces couches l'une avec l'autre et même avec les assises supérieures de la formation houillère.

MM. Hérault et de Caumont ont déjà fait connaître,

dans les mémoires qu'ils ont publiés en 1824 et 1825 sur les terrains du Calvados, comment pourrait être subdivisé le puissant étage du red-marle en en rapportant la partie inférieure au grès rouge (*rothe todte liegende* des Allemands). Depuis cette époque, de nombreuses ouvertures de puits et de sondages sur la concession de Littry ont permis de mieux étudier en profondeur cette importante formation dans laquelle peuvent être établies, en partant du haut, les cinq divisions suivantes :

1° Des assises importantes d'argiles et de sables jaunes et rouges plus ou moins argileux, de galets parfois agglomérés de façon à former des grès et des poudingues, de grès blanchâtres et de marnes rouges ;

2° Un conglomérat calcaire et parfois magnésien ;

3° Des alternances de grès argileux rouges et de marnes de même couleur ;

4° Des calcaires magnésiens, compacts et fétides, alternant avec des schistes gris et rouges et quelques bancs gréseux ;

5° Des grès rouges amaranthe micacés, associés à des schistes argileux de même couleur et à des poudingues formés de galets siluriens, répandus dans une gangue de grès rouge.

Les sables, graviers et argiles de la partie supérieure forment des masses parfois puissantes, sans stratification, répandues avec plus ou moins d'épaisseur sur toutes les autres couches du red-marle et ayant même débordé de façon à recouvrir en certains points les terrains de transition. Ils ont tous les caractères d'un dépôt de transport violent, ce qui

leur a fait donner avec beaucoup de justesse par
M. Harlé le nom d'alluvions triasiques (1).

Ces alluvions ont pris surtout de l'importance au
pied des récifs que présentaient les rivages à la fin
de la période triasique. C'est ainsi que, sur le flanc
sud de la chaîne de grès de Montebourg, se trouvent
de puissants dépôts, qu'a mis à profit la Compagnie
des chemins de fer de l'Ouest, en y ouvrant plusieurs ballastières ; c'est ainsi également qu'au pied
du coteau de Montmirail, constitué par le porphyre
( voir la pl. IV ), se sont formées des accumulations
puissantes de sables et de graviers qui ont entravé
bien des recherches dans la concession de Littry,
en raison de la nature ébouleuse et surtout aquifère
de ces couches.

Au-dessous de ces alluvions se voient des marnes
rouges, associées à des grès blanchâtres, à grains
plus ou moins fins, et qui, à Éroudeville, près de
Montebourg, renferment des empreintes de végétaux
et se présentent en strates horizontales.

Le second niveau du red-marle est constitué par
un conglomérat calcaire, qui ne devient franchement
magnésien que par le fait de l'addition de rognons
dolomitiques que l'on voit parfois dans la pâte. Ce
conglomérat renferme très-généralement des galets
roulés de grès silurien et de calcaire marbre, soudés
par un ciment calcaire, traversé lui-même de veines
de spath ; il prend accidentellement la structure po-
reuse et crevassée et contient alors des noyaux
argileux, rougeâtres et verdâtres ; exceptionnelle-

---

(1) *Aperçu de la constitution géologique du département du Calvados*, par M. Harlé, ingénieur en chef des mines, 1853.

ment enfin, il devient tout à fait compact et homogène.

Ce conglomérat forme des bancs qui atteignent, à Montmartin-en-Graignes, jusqu'à 12 mètres de puissance ; ses assises n'ont pas une grande régularité ; elles diminuent fréquemment d'épaisseur ; les bancs se divisent ou se rejoignent et viennent même à disparaître entièrement.

Le conglomérat calcaire se voit à Carentan, à Montmartin, à St-Pellerin, entre Isigny et Neuilly sur les bords de la Vire, à Lison, Castilly, Mestry, ainsi qu'entre Bricqueville et Trévières ; il apparaît aussi dans la partie centrale du golfe du Cotentin et cache les assises inférieures du red-marle dont nous avons encore à parler. Les puits de Fumichon et les sondages de Mestry et d'Engleville, ouverts sur la concession de Littry, ont rencontré dans leur partie supérieure des poudingues à ciment calcaire et quelques bancs rares de calcaire compact qui appartiennent au niveau du conglomérat magnésien.

Au-dessous de ce conglomérat se trouvent les couches de grès rouges, passant aux poudingues, et de schistes argileux de même couleur, souvent tachetés de vert, du 3ᵉ niveau. Cette assise a une quarantaine de mètres de puissance dans les puits et sondages dont il vient d'être question.

Les calcaires magnésiens compactes, fétides, blancs ou gris et parfois roses, alternant avec des schistes et des grès bruns, rouges ou verdâtres, qui forment la 4ᵉ subdivision du red-marle, constituent un des niveaux les mieux définis et les plus nets que l'on rencontre dans cette formation.

Ces calcaires ayant tantôt la texture d'un marbre,

tantôt celle d'un calcaire plus ou moins marneux, affleurent principalement dans la vallée de Lesque, à St-Martin-de-Blagny, à La Folie et Tournières ; on les retrouve également à Lison, à Cartigny et à Airel ; mais ils sont cachés par les couches supérieures du red-marle dans presque toute la région du golfe du Cotentin appartenant au département de la Manche.

On les a rencontrés dans le puits Fumichon n° 1, par les couches 10 à 29 (voir la coupe-annexe n° 16), sur 41 mètres de hauteur ; dans le puits Fumichon n° 2, ils ont (voir la coupe-annexe n° 18) 43 mètres d'épaisseur entre les couches 31 et 53 ; dans le sondage d'Engleville (voir la coupe-annexe n° 17) les mêmes calcaires ont été rencontrés par les couches 68 à 87 sur 32 mètres de puissance ; enfin, entre la gare et l'église de Lison, on rencontre les mêmes alternances de calcaires et de schistes sur une trentaine de mètres de hauteur.

L'horizon de ces calcaires a toujours été signalé comme dépourvu de fossiles ; le fait est que ceux-ci s'y présentent avec une extrême rareté ; cependant, lors du creusement de la fosse Fumichon n° 2, on a trouvé, en 1857, dans des schistes noirs associés aux calcaires de la couche 32, des poissons hétérocerques, à écailles pyritisées, presque carrées sur le corps, losangiformes sur la queue, paraissant appartenir aux genres *palœniscus* ou *amblypterus*. La présence de ces débris de la faune permienne est un fait important, car elle permet de distraire du red-marle proprement dit ces calcaires avec schistes à poissons et les grès et poudingues que nous allons voir ensuite, pour rapporter ces assises à la formation permienne, et assez vraisemblablement, les calcaires au *Zechstein* ou au calcaire magnésifère des Anglais et les couches inférieures au *grès rouge*.

Ces calcaires à poissons fournissent un horizon assez net pour permettre de calculer la pente de leurs couches. Ils se présentent, à Engleville, à 71 mètres de plus de profondeur que dans le puits Fumichon n° 2 ; si on défalque une vingtaine de mètres pour la différence de niveau de ces deux points, on trouve, sur un intervalle de près de 2,000 mètres, une pente de $0^m,025$ par mètre ; on arrive au même résultat en faisant le calcul d'après les affleurements constatés au sud de St-Martin de Blagny. Les couches houillères présentant, dans le bassin de Fumichon, une pente assez régulière de $0^m,10$ par mètre vers le nord, il en résulte une discordance de stratification évidente, bien que faible, entre les calcaires avec schistes à poissons et les assises du terrain houiller.

Notre cinquième niveau, qui représenterait le *grès rouge*, est formé d'assises puissantes de grès généralement rouges, micacés, alternant avec des schistes de même couleur, renfermant quelques bancs de calcaires et passant à des poudingues par l'addition de nombreux galets de grès silurien. Le sondage d'Engleville a traversé ces couches sur 97 mètres ; il est vrai que ce forage n'a pas atteint le terrain houiller tandis que, dans les deux puits de Fumichon, les couches du grès rouge n'ont présenté qu'une épaisseur variant entre 83 et 85 mètres. Si, par de nouveaux forages, on parvenait dans l'avenir à établir la puissance maximum des grès rouges dans le Cotentin, il serait possible de savoir à point nommé,

en prenant pour repère le niveau si régulier des calcaires à poissons, à quelle profondeur on pourrait
rencontrer, dans un puits ou un sondage, les premières assises du terrain houiller.

La question n'est pas encore résolue ; mais on
comprendra l'importance que nous avons attachée,
au prix de développements un peu longs, à montrer
quelles divisions peuvent être établies dans un ensemble de couches rapportées jusqu'ici au red-marle
ou au trias.

Les calcaires avec schistes à poissons et les grès
rouges inférieurs mis de côté pour être rangés dans
le terrain permien, peut-on trouver dans les couches
supérieures les équivalents du grès des Vosges et de
chacun des trois niveaux triasiques. Nous ne sau-
rions le dire et nous pensons qu'on doit conserver à
l'ensemble de ces couches la dénomination de trias
en envisageant, avec M. Dufrénoy (1,) que le conglomérat magnésien du Cotentin représenterait, soit le
muschelkalk, soit la dolomie des marnes irisées, et
que les couches inférieures et supérieures à ce conglomérat formeraient les deux autres termes de la
série triasique.

Postérieurement au dépôt du grès rouge et du trias,
le golfe du Cotentin a été visité par la mer pendant
les périodes infra-liasique et liasique. Les calcaires
de l'infra-lias forment un lambeau isolé qui s'étend
entre Yvetot, Valognes et Huberville ; ils constituent
en outre, à la base du lias, une lisière plus ou moins
continue passant par Ozeville, le Ham, Orglandes,
Picauville, Cretteville et Beaupte ; enfin, on les re-

(1) *Explication de la carte géologique de France,* volume II, p. 126.

trouve sur une étendue très-restreinte, entre Osmanville et Isigny.

Le lias a déposé ses sédiments sur tout le plateau qui s'étend entre Montebourg, Ste-Mère-Église et St-Côme ; il se retrouve à Brévends et se prolonge dans le Calvados en formant jusqu'à Bayeux et au-delà une bande de 7 à 8 kilomètres de largeur, recouverte, près de la mer, par les couches de l'oolithe inférieure, qu'on ne retrouve pas dans la Manche, tandis qu'elles prennent dans le Calvados un si grand développement.

Le golfe du Cotentin resta entièrement émergé pendant la fin de la période jurassique ; mais ensuite, à l'origine de la période crétacée, paraît s'être produite, dans la baie des Veys, une large faille dont M. Eugène Eudes-Deslongchamps a démontré l'existence dans une intéressante étude sur les étages jurassiques inférieurs de la Normandie.

Cette faille qui a déterminé, dans les couches voisines de nombreuses brisures, eut cet autre effet de rouvrir le golfe du Cotentin aux mers crétacées et tertiaires, qui y ont laissé de fort nombreuses et de fort intéressantes traces de leur séjour dans la région basse, s'étendant entre les vallées de la Douve et du Merderet.

Postérieurement aux dépôts tertiaires, le diluvium a recouvert de ses sables, de ses argiles et de ses graviers presque toutes les formations antérieures, en prenant surtout du développement sur le plateau qui s'étend entre Périers et Carentan.

Enfin, dans les temps les plus récents, se sont formés, et se forment encore de nos jours, dans les marais des vallées de la Taute, de la Douve et le marais de Gorges, de puissants dépôts tourbeux dont on pourrait, en même temps que de la formation houillère de Basse-Normandie, tirer un meilleur parti qu'on ne l'a fait jusqu'ici.

L'existence de ces marais devra apporter quelques difficultés et quelques entraves aux opérations que l'on tentera dans l'avenir pour rechercher et exploiter la houille. On les évitera quand la chose sera possible ; cependant, il n'y a guère moyen de songer à exploiter par la suite la mine du Plessis sans ouvrir un puits sur le sol même du marais de Gorges. L'art des mines est, au reste, assez avancé aujourd'hui pour que de semblables difficultés n'arrêtent pas une entreprise qui aurait d'ailleurs la certitude de rencontrer sous le sol des marais des couches de charbon de quelque importance.

En terminant cette description, mentionnons encore que tous les terrains postérieurs au trias, y compris le diluvium et la tourbe, ont été indiqués par une teinte unique (le bleu clair) sur la carte du golfe du Cotentin.

Cette carte divise donc la région qui nous occupe en trois zones bien distinctes :

1° Celle des terrains de transition, sur lesquels il n'y a pas lieu d'aller rechercher la houille ;

2° Celle sur laquelle toute recherche de houille n'aura à traverser, avec plus ou moins de chances de réussite d'ailleurs, que les assises triasiques et permiennes pour rencontrer le terrain houiller ;

3° Enfin, la zone sur laquelle, avant même d'atteindre le trias et sans avoir, au reste, l'assurance de le rencontrer toujours, il faudra traverser des assises plus ou moins puissantes de terrains jurassique, crétacé, tertiaire, ou les alluvions anciennes et modernes.

# CHAPITRE II.

## MINE DU PLESSIS.

### HISTORIQUE.

C'est en 1757, d'après les indications renfermées dans le tome II du *Journal des Mines* sur la découverte du gisement du Plessis, que furent entrepris, par Mathieu de Flandre, les premiers travaux d'exploration de cette mine. Ces travaux eurent peu d'importance et de durée et, après avoir opéré la reconnaissance de quelques affleurements de houille, leur auteur abandonna, paraît-il, le Plessis pour porter ses recherches à Littry.

Plus tard, en 1778, un sieur Tubœuf, ayant obtenu la permission d'exploiter la mine du Plessis, forma une compagnie et se fit donner, le 30 août 1781, la concession de toutes les mines de ce qu'on nommait alors le diocèse de Coutances. Des travaux d'exploitation furent entrepris au Plessis ; une veine de terre noire bitumineuse et quelques minces filets de houille furent suivis à l'aide de plusieurs tranchées et d'un puits profond de 73 pieds ; on s'attacha mal à propos, dit Duhamel dans le *Journal des Mines*, à poursuivre ces petites veines, qui donnaient à peine le combustible nécessaire pour la réparation des outils, au lieu d'atteindre, à l'aide de puits et de galeries, un niveau plus profond et des veines plus puissantes et, faute de n'avoir pas employé alors les moyens convenables de tirer parti de cette mine, on fut forcé de l'abandonner, très-peu de temps après, en 1782.

Mais une compagnie, qui avait déjà fait près de Caen (à Feuguerolles, selon toute apparence) des recherches infructueuses de houille, vint porter ses travaux au Plessis en 1793 et obtint, par arrêté du Comité du Salut Public du 28 germinal an II (17 avril 1794), une concession d'une durée de quarante-cinq ans et portant sur un périmètre de six lieues carrées.

Cette compagnie, représentée par les sieurs Bréban, Quétil de La Poterie et Busnel, entreprit des travaux considérables ; six puits (fosse Michel de Lanne, fosse intermédiaire, fosse de recherches, fosse St-Thomas, fosse Ste-Anne et fosse Ste-Barbe) furent successivement ouverts et, de 1794 à 1811, il fut extrait de la mine du Plessis 185,000 hectolitres de houille, vendus au prix de 1 fr. 85 c. environ pour la forge et la chaufournerie.

Les travaux gagnant en profondeur, les difficultés que présentait l'épuisement des eaux, qu'on ne faisait encore qu'à bras d'hommes, devinrent bientôt insurmontables. Il eût fallu, dès cette époque, chercher à opérer cet épuisement à l'aide de moteurs à vapeur, et, faute de s'y être décidés, les concessionnaires se virent obligés d'abandonner, en 1811, les travaux d'exploitation de cette mine et de renoncer, le 26 novembre 1819, à la concession qui leur avait été accordée en 1794.

Cette renonciation ayant été acceptée par une ordonnance royale du 16 juillet 1823, la concession de la mine du Plessis fut à nouveau accordée, par une autre ordonnance du 13 mars 1828, au lieutenant-général comte de Montmarie, mais avec un périmètre plus restreint qu'en 1794 et ne présentant qu'une étendue superficielle de 4761 hectares (voir la feuille I des cartes jointes à ce travail sur laquelle est figuré le périmètre actuel de la concession du Plessis).

Les travaux d'exploitation de cette mine, un moment remis en activité en 1829 et en 1830 (puits de l'Espérance, sondages divers), non par le nouveau concessionnaire mais par des personnes auxquelles M. de Montmarie s'était hâté de céder la propriété de la mine du Plessis furent suspendus ensuite jusqu'en 1836 par le fait d'un procès intervenu entre le vendeur et les acheteurs de la mine et de la faillite de ces derniers. Remise entre les mains du concessionnaire de 1828, la mine du Plessis devint en 1835 la propriété de la société en commandite Fantet et Cⁱᵉ qui, de 1836 à 1843, y fit opérer des travaux considérables (puits de la rue de Beaucoudray, fonçage du puits St-Louis et du puits Fantet, approfondissement du puits Ste-Barbe, sondages divers, canal du Plessis à Beaupte, constructions multiples) et donna à l'extraction toute l'activité compatible avec les débouchés encore restreints que rencontraient alors les produits de la mine du Plessis. 300,000 quintaux métriques environ de charbon furent extraits pendant cette période et vendus de 1 fr. 60 à 1 fr. 80 les 100 kilogrammes. Les ressources que procurèrent ces ventes furent absorbées, ainsi que le capital social, par les dépenses exagérées et tout au moins intempestives que fit sur la mine le gérant de la société Fantet, de telle sorte qu'en 1843, cette société, à bout de ressources, dût opérer sa liquidation qui fit passer la propriété de la mine du Plessis entre les mains du comte de Castellane dans le courant de 1845.

Ce changement de mains donna momentanément un regain d'activité aux travaux de la mine; les puits de Béthune, de Recherches et Castellane furent successivement foncés, attaquant une région inexplorée jusqu'alors de la concession, quand survinrent les événements de 1848, à la suite desquels les travaux de la mine furent à nouveau suspendus. Ils ne furent repris qu'en 1851, époque à laquelle fut décidée l'exécution dans le marais du Plessis d'un grand sondage dont nous rendrons compte dans les pages qui vont suivre.

Ce sondage, terminé en 1854 sans avoir donné des résultats d'une netteté suffisante, les travaux de la concession du Plessis furent encore suspendus pour n'être repris qu'en 1858, sous la direction de M. Brochot, sous laquelle fut explorée, pendant deux ans, une nouvelle région de la mine, par les puits Denis, de la Sonde, Félix et quelques sondages.

Cette reprise des travaux toucha à sa fin en 1859 et, depuis lors, la concession du Plessis n'a plus été l'objet d'aucuns travaux sérieux et suivis. La mort du comte de Castellane, survenue en 1861, fit, il est vrai, passer entre les mains de mineurs la propriété de cette concession et suspendre, en conséquence, la remise en exploitation de la mine; les héritiers de M. de Castellane cherchèrent alors à se défaire de cette propriété, et ils l'auraient assurément déjà vendue, s'ils n'avaient pas demandé de la concession du Plessis un prix d'achat assez élevé et plutôt sur les dépenses qui, à tort ou à raison, avaient pu être faites antérieurement sur cette concession que sur les avantages immédiats que pouvait procurer son exploitation.

Ce rapide historique montre combien, depuis la fin du siècle dernier, de laquelle date le commencement d'exploitation sérieuse de la mine du Plessis, la propriété de cette concession a changé fréquemment de mains ; il en devait être et il en a été de même de la direction et de la conduite des travaux, et c'est là qu'il faut chercher, beaucoup plus que dans la pauvreté du gisement ou les difficultés matérielles de l'exploitation, la véritable cause des insuccès continus dont la mine du Plessis a été le théâtre.

Tel nouveau propriétaire de cette mine, qui plus est, tel nouveau directeur a tenu, dès les premiers mois de son achat ou de sa gestion, à demander à ce gisement des produits immédiats, aux risques de compromettre l'avenir, et c'est ainsi que, presque partout où se montraient des affleurements de houille, les entêtures de couches ont été fouillées près de la surface, de façon à rendre par la suite fort onéreuse, sinon impossible, l'exploitation en profondeur, en raison des difficultés de l'épuisement.

Enfin, comme nous l'allons montrer en faisant connaître la constitution géologique du gisement du Plessis, aucun des propriétaires de cette mine n'a entrepris de travaux d'exploitation là où il convenait cependant de les exécuter, du côté du marais de Gorges et loin des affleurements et de la région tourmentée par les épanchements porphyriques. Une

tentative seulement a été faite dans cette voie par
M. de Castellane au moyen du sondage de 1852 ; mais il
n'en a pas été tiré tout le parti possible, en sorte que
de nouveaux sondages seront vraisemblablement
encore à faire avant d'entreprendre dans le marais
le foncement d'un puits profond et l'exploitation de
la région qui constitue l'avenir réel de la concession
du Plessis.

## DESCRIPTION GÉOLOGIQUE.

Dans le premier chapitre de cette notice, nous
avons tracé à grands traits la constitution géologique
du golfe du Cotentin, sur les confins duquel apparaît,
à 14 kilomètres ouest de la ville de Carentan, le petit
bassin houiller du Plessis. Il est adossé aux terrains
de transition qui occupent du quart au tiers de la
superficie de la concession et se terminent, sur une
étendue de plus de 20 kilomètres, entre les Moitiers-
en-Beauptois et St-Patrice-de-Claids, par une ligne
sinueuse assez régulièrement dirigée du nord au sud.

C'est dans une sorte d'anse hémi-circulaire de cette
ceinture de terrains de transition qu'affleurent les
couches de grès et de schistes houillers, dans la
partie centrale de la commune du Plessis, près du
hameau de Beaucoudray en particulier et sur une
étendue restreinte mesurant à peine 1,700 à 1,800
mètres du nord au sud et un kilomètre au plus dans
la direction de l'est à l'ouest. Sur la feuille n° 2 des
plans joints à ce travail, consacrée à la partie *explorée*
de la concession du Plessis, nous avons figuré à
grande échelle les limites nord, ouest et sud de cette

sorte de baie dans laquelle apparaît le terrain houiller.

Au nord ainsi qu'au nord-ouest de cette enceinte, on rencontre les schistes et les calcaires dévoniens fossilifères qui, de Prétot, Ste-Suzanne et St-Jores, se prolongent jusque dans la lande du Plessis, où ils ont été exploités sur les fermes de la Royauté et de la Clôture, ainsi qu'aux hameaux de Beau-Soleil et des Bois. À l'ouest et au sud du bassin du Plessis, ce sont, au contraire, des couches appartenant à la partie inférieure des terrains de transition du département de la Manche qui se montrent, représentées par des schistes, des grauwackes et des poudingues, occupant une partie des communes de Gorges, Lauîne et de Lastelle. On les voit, aux hameaux des Renaux et de la Villette, ainsi que près de la ferme de ce nom, en strates presque verticales orientées nord 10 à 20° est à sud 10 à 20° ouest, c'est-à-dire, comme nous aurons l'occasion de le reconnaître plus loin, en complète discordance de stratification avec les couches de la formation houillère du Plessis.

Enfin, pour en terminer avec l'indication des terrains de transition que l'on trouve dans l'étendue de cette concession, je signalerai les grès siluriens moyens qui constituent la haute chaîne de Lithaire à Montcastre, laquelle vient mourir près de l'angle nord-ouest du périmètre de la concession, sur les confins de la lande du Plessis.

Le terrain houiller apparaît donc dans l'anse dont nous venons de tracer ainsi les contours. Il affleure sur une étendue d'une centaine d'hectares environ et disparaît ensuite à l'est, suivant une ligne ondulée qui s'écarte assez peu du chemin vicinal n° 3 de

Périers à Valognes, soit sous les assises de la formation triasique ou bien sous l'épais manteau de sables diluviens, que l'on voit près de la chapelle Ste-Anne, au Manoir et à la Couterie, ainsi que sous les alluvions récentes des parties les plus basses et marécageuses du pays.

C'est sur cette étendue superficielle, tellement restreinte qu'elle n'excède pas la quarantième partie de la surface de la concession, qu'ont porté presque tous les travaux faits au Plessis depuis quatre-vingts ans. Sans ordre ni méthode, le sol a été fouillé en tous sens, presque à toutes les profondeurs, par des travaux plus ou moins éphémères, dont la trace a été à peine conservée dans les bureaux de la mine et dont l'Administration n'a jamais pu obtenir de plans réguliers, en sorte que, pour faire la description de ces travaux, il ne reste actuellement dans les archives administratives que des notes éparses, incomplètes, qu'il a fallu coordonner et même interpréter pour dresser les feuilles 2 et 3 des plans et des coupes relatifs à la concession du Plessis.

Composé d'une série de couches alternatives de grès houillers à plus ou moins gros éléments, renfermant des empreintes d'Equisétacées et de fougères plus rares, de conglomérats et de poudingues blancs, gris et rouges, d'argilithes et de schistes de couleurs également variées et renfermant parfois des rognons de carbonate de fer, enfin de schistes houillers plus ou moins charbonneux, auxquels sont associées de véritables couches de houille, le terrain houiller du Plessis ne constitue pas un gisement d'une allure régulière, mais il présente, au moins dans la région des affleurements, la seule explorée jusqu'ici, la trace manifeste de bouleversements dont on n'a pas à chercher la cause bien loin, le porphyre apparaissant çà et là en plus d'un point de la commune du Plessis.

Quelque incomplets que soient les documents laissés par les exploitants de la mine, ils peuvent cependant suffire, ainsi que nous l'allons voir et qu'on peut s'en convaincre par l'examen des plans et coupes joints à ce travail (1), pour établir avec une certaine netteté comment, à la suite des épanchements porphyriques, les couches du terrain houiller du Plessis ont été brisées et rejetées et comment les affleurements de ce terrain, qui ne faisaient primitivement qu'un même tout, se sont trouvés morcelés et divisés en trois lambeaux distincts séparés par deux massifs de porphyre.

Cette roche éruptive constitue d'abord un premier massif, orienté à peu près nord 15° à 20° ouest, long de 950 à 1,000 mètres, d'une largeur irrégulière, rencontré au nord par le puisard du puits Denis, passant par le puits St-Louis (voir le plan, pl. II, et les coupes (1) et (2), pl. III) et disparaissant au sud près des ruines de l'ancien château et sur les bords du ruisseau des Renaux, mais pour se retrouver encore dans diverses directions, à plus ou moins de profondeur. C'est ainsi que le sondage (n° 10) de la ferme du Moulin a rencontré ce massif de porphyre à 50ᵐ de profondeur, que celui du Marais (n° 11) l'a

---

(1) Dans la légende de la planche II sont indiquées les coupes connues de chacun des puits et sondages entrepris sur la concession du Plessis ; pour éviter des répétitions inutiles, nous nous sommes abstenu de reproduire dans la notice descriptive de cette mine ces coupes, que le lecteur trouvera résumées dans la légende en question.

trouvé à 122$^m$ ( voir les coupes (2) et (4) ), et qu'enfin le puits Ste-Barbe a ses vingt derniers mètres et son puisard creusés dans le porphyre.

Une seconde bande de roche éruptive, également orientée nord 15° ouest, ne mesurant guère que 800 mètres de longueur sur 80 à 100 mètres de largeur, se montre à l'ouest du premier massif, sinon jusqu'à la surface du sol, tout au moins à très-peu de profondeur.

Une descenderie, partant du puits Michel-de-Lanne, est venue buter contre ce massif porphyrique; d'autre part, le puits Félix l'a rencontré; enfin, cette langue de porphyre explique le relèvement des couches du terrain houiller constaté par les trois puits Ste-Anne (n° 6), de la rue de Beaucoudray (n° 8), de l'Espérance (n° 7), et la vieille fosse de recherches (n° 3), qui sont pour ainsi dire ouverts sur la limite est de ce deuxième massif éruptif dont la jonction souterraine avec le premier ne saurait être douteuse. Cette deuxième bande de porphyre vient affleurer en pentes abruptes, sur les rives du ruisseau des Renaux, à 300 mètres à l'ouest de la route de Périers à Valognes et se retrouve encore plus loin, au sud, dans la direction de la ferme de la Villette.

Le porphyre du Plessis est généralement de couleur sombre, oscillant entre le violet et le vert foncé; sa structure est grenue et homogène, sa pâte fine et ne renfermant de nodules de quartz libre qu'en quantité assez variable et généralement peu abondante; le feldspath en cristaux s'y présente lui-même fort rarement, et on ne voit guère au milieu de la pâte que quelques paillettes ternes de mica et quelques mouches de pyrites. Aussi, cette roche, offrant d'ailleurs beaucoup d'analogie avec les porphyres dont nous signalerons plus loin la présence à Littry, peut-elle être envisagée comme présentant des passages graduels du pétrosilex compacte au véritable porphyre quartzifère et au porphyre trachytique.

Le porphyre du second massif constitue, sur le bord du ruisseau des Renaux, des masses qui, bien que fendillées en divers sens, offrent une grande dureté sous le marteau. A leur surface, les blocs de porphyre prennent une teinte ocreuse due à un commencement d'altération qui ne dépasse pas un à deux centimètres de profondeur dans les roches du second massif. Mais, sous les ruines du vieux château, à l'extrémité sud du premier, le porphyre se trouve presque entièrement décomposé et kaolinisé ; il affecte alors, en certains points, la texture cellulaire et spongieuse due au départ d'une partie de ses éléments constitutifs.

L'apparition de la roche éruptive dont nous venons de faire connaître la constitution minéralogique a morcelé, avons nous dit, le terrain houiller du Plessis en trois lambeaux isolés ; ces lambeaux sont devenus l'un après l'autre le siége d'exploitations distinctes que nous allons successivement passer en revue.

Le lambeau central a été exploité le premier et de la façon la plus durable. Cinq puits ( fosse intermédiaire, vieille fosse de recherches, fosses St-Thomas, Ste-Barbe et Ste-Anne ) ont été ouverts, de 1793 à 1808, sur cette région de la mine et ont montré l'existence de deux couches de houille exploitables, la première épaisse de $1^m$ à $1^m,20$, la plus profonde ayant de $1^m,20$ à $1^m,50$ de puissance et séparée de la précédente par un massif stérile de 18 à 23 métres d'épaisseur. Ces deux couches ont été rencontrées par les puits Ste-Barbe, intermédiaire et de recherches ; elles l'ont été probablement aussi par le puits St-Thomas ; toutefois, nous n'avons trouvé le fait positivement signalé nulle part. Enfin, à 51 mètres de profondeur, le puits Ste-Barbe a atteint une autre couche de charbon de moins de 0$^m$,50 d'épaisseur qui, poursuivie en galerie sur une soixantaine de mètres, a été reconnue n'être formée que de rognons inexploitables. Cette petite veine n'a d'ailleurs pas été trouvée dans aucun des autres puits.

Ouvert sur les affleurements de la couche supérieure, le puits Ste-Anne n'a atteint que la couche la plus profonde et le voisinage du porphyre explique comment, au grand étonnement des exploitants de 1808, cette couche disparut presque aussitôt en amont pendage, ce qui motiva l'abandon de ce puits peu de temps après son ouverture.

Quand, après la suspension des travaux datant de 1811, la mine du Plessis fut remise en activité en 1829, puis en 1836, c'est encore sur le lambeau central que se porta l'exploitation sous la direction Fantet, tout d'abord au sud par le foncement du puits de l'Espérance, puis dans le voisinage du hameau de Beaucoudray par l'ouverture des puits St-Louis et de la rue de Beaucoudray, ainsi que par la reprise du puits Ste-Barbe.

Le puits St-Louis offrit une particularité fort digne d'intérêt. Ouvert près d'un affleurement, il ne tarda pas à rencontrer une couche de houille presque verticale, occupant un des côtés de la colonne du puits, tandis que sur l'autre vint à se montrer le porphyre, que l'on a seul traversé après pendant les deux derniers tiers de la hauteur de cette fosse, en sorte qu'il fallut percer au fond une galerie de plus de 80 mètres de longueur dans la roche de soulèvement pour rejoindre les couches du terrain houiller.

Quant au petit puits de la rue de Beaucoudray, il atteignit la couche supérieure et ne fut même pas approfondi de façon à rencontrer la deuxième couche, l'abondance des eaux venant de la surface rendant l'exploitation impossible.

C'est en 1845 que prit fin, après épuisement de la matière minérale, l'exploitation du lambeau de terrain houiller dont il vient d'être question; l'examen des coupes longitudinales n°s 1 et 5 et transversales n°s 2 et 3 permet de se rendre compte, aussi complétement que possible, de la disposition des couches de ce lambeau qui affectent la forme d'une longue et étroite cuvette, dont le grand axe serait orienté suivant la direction nord 15 à 20° ouest des deux bandes porphyriques.

Ces couches présentent une pente variable, qui atteint jusqu'à 25° sur les limites est et ouest de la cuvette, et qui, sur certains points, a même offert de grandes irrégularités. Ainsi, par les travaux du puits Ste-Barbe, on a constaté que la couche supérieure, loin d'avoir la régularité de celle du fond du puits, présentait des parties alternativement de niveau et à pente raide, enfin, une disposition en une sorte d'escalier qui paraît témoigner qu'elle a subi des effets de flexion et de rejet dont la couche inférieure n'a pas ressenti les atteintes. C'est à l'épanchement du porphyre entre les strates du terrain houiller que la cause doit en être attribuée; telle est au moins l'opinion mise en avant par feu M. l'ingénieur en chef

Hérault, qui signale le grès du toit de la couche inférieure comme endurci et métamorphisé en nombre
de points par le porphyre et la rencontre de cette
roche, à un état de décomposition avancée, dans le
foncement du puits Ste-Barbe, avant d'arriver à la
houille.

En décrivant, dans le chapitre suivant, la mine
de Littry, nous aurons également à signaler des faits
d'intercalation semblables du porphyre, entre les
couches du terrain houiller, bien qu'ils soient assez
rares et que, à Littry, l'action métamorphique de la
roche éruptive se soit portée plutôt sur les couches
du mur que sur celles du toit, contrairement à ce
que M. Hérault dit avoir été reconnu au Plessis.

L'exploitation du deuxième lambeau fut entreprise
en 1845, lors de l'abandon du premier ; quatre puits
principaux (puits Batard, n° 14 ; de recherches, n° 15 ;
Castellane, n° 16 ; et Denis, n° 20) et les deux petites
fouilles, dites puits Léonie, n° 17, pratiquées sur
des affleurements, furent ouverts de 1845 à 1858
dans cette région de la mine. Le puits Denis atteignit
seul deux veines de houille (1) ; les puits Batard et
de recherches ne traversèrent qu'une couche ; mais
la disposition et l'inclinaison de la veine rencontrée
par chacun de ces puits montrent, comme le rend
manifeste la coupe n° 4, qu'il s'agit bien là, non d'une
même couche, mais de deux veines distinctes qu'aurait pu atteindre successivement le puits de recherches, s'il eût été suffisamment approfondi.

(1) On a même écrit qu'il rencontra trois couches, mais cette
assertion nous paraît fort discutable ; en tout cas, on n'explora par
ce puits qu'une seule des couches atteintes.

Quant au puits de Castellane, il tomba sur un brouillage, trouvé au lieu et place de la couche supérieure du puits de recherches. On eut le tort de ne pas tenter de traverser ce brouillage, soit pour se diriger en amont-pendage vers le puits de recherches, soit pour aller rejoindre, à l'ouest, les descenderies et dépilages partant des deux petits puits Léonie, à l'aide desquels étaient attaqués les affleurements qui se montrent dans le bois du Coudray et le jardin de la maison de direction.

L'exploitation de ce deuxième lambeau, figuré dans les coupes 1, 2 et 4, fut de peu de durée et peu profitable. Bien que les deux couches reconnues eussent presque autant d'épaisseur que dans le lambeau central, elles étaient atteintes par les puits Denis, Batard et de recherches à trop peu de profondeur, pour que le voisinage de la surface ne se fît pas sentir, tant par l'altération ressentie par le combustible que par l'abondance des eaux à épuiser.

Le troisième lambeau a encore moins d'étendue et d'importance que les deux précédents ; c'est celui sur lequel, en 1793, paraît avoir été ouverte la fosse Michel de Lanne du fond de laquelle, à l'aide d'une descenderie, on alla jusqu'à 26 mètres de profondeur et on tira de la houille pendant deux ans ; cette région fut abandonnée ensuite pour n'être explorée à nouveau qu'en 1858 et 1859.

On commença par un sondage entrepris sous la direction Brochot au lieu dit de la Cassée, tout près du puits n° 21.

Ce forage donna la coupe ci-après :

| | | |
|---|---:|---:|
| Grès micacés bruns et bigarrés. . . . . | 6ᵐ, » » | |
| Filet de houille. . . . . . . . . . | 0 | 05 |
| Mêmes grès, plus foncés et plus durs. | 2 | 90 |
| Filet de houille. . . . . . . . . | 0 | 05 |
| Grès à grains fins et moyens, micacés<br>Conglomérats, grès noirâtres avec<br>empreintes . . . . . . . . . . . | 13 | 50 |
| Schistes charbonneux. . . . . . . | 0 | 50 |
| Houille un peu mélangée de schistes. . | 1 | » » |
| Grès houillers, gris et noirs, avec vei-<br>nules de houille. . . . . . . . . | 7 | 50 |
| Houille avec intercalation de bancs gré-<br>seux . . . . . . . . . . . . . | 1 | 20 |
| Grès houiller. . . . . . . . . . | 1 | 30 |
| Houille avec intercalation de lits gré-<br>seux . . . . . . . . . . . . . | 3 | 70 |
| Grès houiller. . . . . . . . . . | 1 | 89 |
| Profondeur totale. . . . | 39ᵐ,59 | |

Les résultats favorables de ce sondage qui, amplifiés d'ailleurs par divers organes de publicité, firent un certain bruit, déterminèrent à foncer le puits Félix (n° 22), à trente mètres à peine du trou de sonde.

Malgré cette proximité, on ne rencontra pas dans ce puits la suite des assises du sondage de la Cassée. Offrant avec la fosse St-Louis une grande analogie de position, le puits Félix tomba sur la zone de contact des couches houillères et de la seconde bande éruptive ; il traversa d'abord, sur 23 mètres environ, un pêle-mêle de grès et de schistes houillers, empâtés dans des porphyres à pâte rouge et verte ; il atteignit ensuite des couches plus régulières de terrain houiller.

rencontra le charbon à 27 mètres de profondeur, et, de 27 mètres à 38 mètres, des alternances de houille et de schistes en strates presque verticales. Le charbon était à demi-cristallin, brûlait à la façon des houilles très-grasses et témoignait, par ces qualités différentes de celles du charbon du Plessis, des effets du métamorphisme dus au voisinage du porphyre, qui fut enfin rencontré au fond du puits Félix, à 40$^m$,50.

Les dislocations produites dans ces couches de houille par la roche éruptive déterminèrent une abondance extrême des eaux et, devant les difficultés de leur épuisement, le puits Félix dut être abandonné et remplacé par un nouveau puits (puits de la Sonde, n° 21), qui, ouvert sur l'emplacement même du sondage de la Cassée, devait rencontrer des assises plus régulièrement stratifiées.

Ce puits traversa, en effet, des couches moins bouleversées que le puits Félix ; mais le voisinage des anciens travaux des fosses Silbier et Michel-de-Lanne, amena de telles quantités d'eau que l'exploitation ne fut pas plus possible par le puits de la Sonde qu'elle ne l'avait été par le puits Félix.

La direction Brochot laissa encore une autre trace de son passage au Plessis ; le sondage du Vifflard (n° 23) fut entrepris ; il rencontra deux couches minces de houille, l'une à 21 mètres, l'autre à 33 mètres, et fut poursuivi jusqu'à 50 mètres, au milieu d'assises de grès houillers pétris d'empreintes. Ce forage montre qu'à plusieurs centaines de mètres, au nord-ouest des puits Ste-Anne, intermédiaire, St-Louis et Ste-Barbe, on retrouve encore le prolongement des deux couches du lambeau central, séparées seulement par une suite de bancs stériles moins épais que dans la région principale de ce lambeau. Au reste, le rapprochement des deux couches sur les confins du bassin du Plessis est un fait général ; il s'est vérifié par les puits Félix et de la Sonde, ainsi qu'au nord du ruisseau du Vifflard, et leur plus grand écartement, constaté dans la région centrale de Beaucoudray, peut fort vraisemblablement s'expliquer par l'intercalation du porphyre entre les strates du terrain houiller.

En 1859, avons-nous dit en faisant l'historique de la mine du Plessis, toute exploitation cessa sur cette mine. Cependant, quelques fouilles ont encore été faites pendant l'année 1866, et bien que leurs résultats aient été négatifs, au point de vue de la reprise de l'exploitation, elles ont fourni quelques indications que nous croyons devoir consigner ici.

A 200 mètres du sondage Brochot de 1858, au point désigné sous le n° 24 et situé dans la lande du Plessis, un affleurement de couche a été momentanément exploité. Ce doit être, comme le montre la coupe n° 5, l'entêture de la couche supérieure des puits Ste-Barbe et intermédiaire.

Dans une région opposée de la mine, au point marqué sous le n° 24 *bis*, situé à 180 mètres au sud du ruisseau des Renaux, un autre affleurement que l'on voit au reste dans la tranchée du chemin vicinal de Périers à Valognes a été mis à nu et exploré en descenderie sur une dizaine de mètres ; il présente une direction est-ouest, un plongement faible au nord et peut fort vraisemblablement être pris pour le prolongement de la couche inférieure du lambeau central.

Enfin, au hameau de la Lague, une petite fouille (n° 24 *ter*), a rencontré, près de la surface, des couches de grès houillers orientées est-nord-est, plongeant au sud-sud-est, ce qui prouve que le terrain houiller, généralement recouvert par les sables diluviens ou les assises du trias, à l'est du chemin de Périers à Valognes, a pu cependant se trouver mis à nu par des érosions ultérieures en différents points, notamment à la Lague.

Nous venons de voir ce qu'est le terrain houiller du Plessis dans la région des affleurements et d'établir que, bien qu'il soit bouleversé et morcelé par le fait des éruptions porphyriques, on y constate la présence manifeste de deux couches de houille exploitables qui, bien développées dans la région centrale, se retrouvent également avec netteté dans les deux autres lambeaux rejetés par le porphyre au nord et à l'ouest de cette région centrale.

Que devient, en dehors de cette zone d'affleurements, qui, à peu près totalement épuisée, n'a de valeur aujourd'hui que par les renseignements qu'elle peut fournir, le terrain houiller du Plessis ? Qu'a-t-il été fait en s'éloignant de la ceinture des terrains de transition et en se reportant à l'est, où les couches houillères doivent plonger sous des formations plus modernes pour rechercher le prolongement du terrain houiller ? C'est ce qu'il nous reste maintenant à examiner.

Nous avons déjà signalé le puits Fantet (n° 12), qui, ouvert en 1839 près du bois du Plessis, a d'abord rencontré des couches de grès bigarrés, puis des grès houillers (faisant suite à ceux de la Lague, dont il vient d'être question), et enfin le porphyre.

Le sondage du Marais (n° 11), qui date de 1837, a traversé, à 48ᵐ et à 55ᵐ, deux petites veines de houille de 0ᵐ,50, qui semblent provenir d'une sorte de dédoublement de la couche exploitée par les puits de recherches et Castellane ; poursuivi au-delà, ce forage a atteint le porphyre à 122ᵐ sans avoir rencontré (tout au moins le fait n'a pas été constaté) la couche du puits Batard, qu'on devait cependant traverser. Ce sondage est antérieur, il est vrai, à l'époque à laquelle l'exploitation se porta sur la rive droite du Vifflard et signala de ce côté, comme à Beaucoudray, deux couches de houille ; toujours est-il qu'il n'apporte aucune lumière sur la manière dont se comporte le terrain houiller au nord et à l'est du grand massif porphyrique, dans la direction du marais de Gorges.

En 1840 fut entrepris, au hameau de la Forge, un sondage (n° 13), qui aurait pu fournir d'utiles indications ; malheureusement, après avoir atteint 50ᵐ et traversé des grès bigarrés sur la plus grande partie de sa hauteur, cette opération fut suspendue, la sonde devenant nécessaire pour l'exécution, à St-Jean-de-Daye, d'un forage entrepris aux frais de l'État et dont il sera question au chapitre IV de ce travail.

Nous avons également cité déjà le sondage de la ferme du Moulin, qui a rencontré le porphyre à 50ᵐ, après avoir traversé des grès bigarrés et quelques couches du terrain houiller et qui, pas plus que les précédents, ne fournit aucune donnée précise sur le prolongement de la formation houillère du Plessis du côté du marais.

Le sondage (système Kind) entrepris sur les bords

de celui-ci, est la seule opération qui donne quelques
renseignements à cet égard, et encore il laisse bien
à désirer quant à la netteté de ses indications. Ce
sondage, qui était d'une importance capitale pour la
mine du Plessis, paraît n'avoir pas été conduit avec
toute la diligence et la prévoyance désirables. Ainsi,
trente-sept mois (juillet 1851 à août 1854) ont été
employés pour atteindre la profondeur de 387$^m$;
d'autre part, à la suite d'éboulements répétés contre
lesquels on devait se prémunir, il a fallu à trois reprises procéder à des tubages partiels du trou de
sonde, après avoir opéré au préalable son élargisse-
ment, et finalement le sondage a été abandonné à
cette profondeur de 387$^m$, malgré l'intérêt qu'il pouvait y avoir à le continuer encore, par suite de la
chute, dans le trou de sonde, de tiges qui n'en ont
pu être retirées qu'au prix des plus grands efforts et
après avoir déterminé des éboulements considérables
de toute la partie inférieure du sondage.

Voici telle qu'elle ressort, tant des archives du
Service des Mines que d'un tableau auquel la direction
de la mine du Plessis paraît avoir donné une certaine
publicité, la coupe des terrains traversés par le
forage en question :

1. Terre végétale . . . . . . . . . . 1$^m$,» »
2. Sables gris et jaunes plus ou moins
fins, entremêlés de petits lits de glaise et
de gravier . . . . . . . . . . . . 30   72
3. Marnes rouges, mélangées à la partie
inférieure avec un peu de gravier et de
sable rouge lie de vin. . . . . . . . 51   42
______________________________________
Commencement du terrain houiller à. . 83$^m$,14

|  |  |  |
|---|---|---|
| *Report.* . . . . | 83$^m$,14 | |
| 4. Marnes grises et schistes gris avec fragments charbonneux. . . . . . . . | 19 | 86 |
| 5. Marnes rouges avec bancs de grès de même couleur . . . . . . . . . | 11 | 50 |
| 6. Schistes gris, alternant avec des lits d'argile de même couleur et contenant des matières charbonneuses. . . . . . . | 12 | 24 |
| 7. Grès et marnes rouges, à taches blanchâtres. . . . . . . . . . . . | 8 | 16 |
| 8. Grès houillers feldspathiques fins, gris-clair, tachetés de blanc, tàntôt durs, tantôt friables et altérés. . . . . . . | 24 | 90 |
| 9. Schistes houillers avec rognons de grès et empreintes de végétaux renfermant une veine de houille maigre à 184$^m$,50. . | 25 | 20 |
| 10. Grès houillers gris clair, poudingues à galets quartzeux et à pâte de grès houiller avec quelques lits de glaise rouge. | 24 | 60 |
| 11. Schistes houillers contenant une veine de charbon de 209$^m$,60 à 211$^m$,12. . | 1 | 52 |
| 12. Grès houillers et schistes noirs. . . | 6 | 00 |
| 13. Conglomérats blancs et rouges, formés de galets de grès rouges cimentés dans une pâte argileuse de même couleur | 25 | 79 |
| 14. Schistes avec veines charbonneuses de 242$^m$,91 à 244$^m$,96. . . . . . . . | 2 | 05 |
| 15. Grès houillers gris et blancs, conglomérats blancs et roses . . . . . . . | 32 | 28 |
| 16. Schistes et grès houillers . . . . | 14 | 13 |
| 17. Grès rougeàtres . . . . . . . | 9 | 16 |

*A reporter.* . . . . 300$^m$,53

*Report.* . . . 300<sup>m</sup>,53

18. Grès houillers gris clair. . . . . 16  90
19. Grès houillers. — Schistes charbonneux . . . . . . . . . . . . 16  88
20. Grès houillers gris clair. . . . . 11  31
21. Schistes houillers bitumineux, avec
quelques lits minces de grès houillers et
schistes charbonneux avec petites veines
de houille maréchale. . . . . . . . 13  87
22. Schistes et grès houillers, puis des
grès rappelant les grès de transition (?) . 27  51

Total. . . . . 387<sup>m</sup>,00

Que ressort-il de positif, de sérieux de la coupe
de ce sondage ? Un seul fait dont on devait, au
reste, s'attendre à recevoir la confirmation : à savoir
le prolongement sous le marais de Gorges de la
formation houillère du Plessis, atteignant, il est
vrai, une puissance totale de 300 mètres, soit plus
du triple de l'épaisseur sur laquelle elle avait été
antérieurement reconnue dans la région des affleurements.

Mais cette formation renferme-t-elle, du côté du
marais, des couches de charbon suffisamment abondantes pour que l'exploitation en puisse paraître
avantageuse ? C'est ce que le sondage ne dit pas
d'une façon tant soit peu précise. On a bien rencontré
à 184<sup>m</sup>,50, 209<sup>m</sup>,60 et à 242<sup>m</sup>,91, des schistes houillers
avec veines charbonneuses qui peuvent, avec une
certaine vraisemblance, être envisagés comme représentant les deux couches principales connues au
Plessis ; mais le charbon lui-même n'a présenté,

paraît-il, dans chaque traversée de schistes, qu'une puissance réduite de 0ᵐ,30 à 0ᵐ,40 environ. Le sondage a pu tomber, par un hasard malheureux, sur un brouillage de couches ; c'est une hypothèse un peu gratuite, mais qui n'est pas entièrement inadmissible.

Enfin, ce forage, après une traversée, sur plus de 100 mètres, de schistes et de grès houillers, avec intercalation de conglomérats et de grès rougeâtres, a rencontré de 345ᵐ,62 à 359ᵐ,49, soit sur 13ᵐ,87 de hauteur, des schistes bitumineux extrémement inflammables, ayant fourni une grande quantité d'huile surnageant à la surface du trou de sonde et des matières de curage, et auxquels étaient, en outre, associées des petites veines de houille maréchale.

Que valent, soit au point de vue de l'extraction du charbon, soit en ne cherchant à tirer parti que de l'huile minérale, ces schistes bitumineux ? C'est ce que la coupe du sondage ne nous apprend pas encore. Les prises d'échantillons, pendant le cours de cette recherche, paraissent ne s'être pas faites d'une façon régulière et en quelque sorte permanente, et c'est à l'insuffisance de cette opération qu'il faut attribuer le défaut de netteté des indications fournies sur la traversée des couches 9, 11, 14 et 21. Le sondage de 1851 à 1854 n'a pas été entièrement fait en pure perte ; mais il laisse assez à désirer pour qu'on ne puisse pas, par la suite, songer à ouvrir un puits d'exploitation dans le marais, avant de faire précéder cette coûteuse opération de l'exécution d'un nouveau sondage.

Il nous reste encore, avant de terminer ce qui

concerne la mine du Plessis , à dire quelques mots de
la qualité de la houille qui en a été extraite.

Cette qualité a été extrêmement variable , suivant
les points qui ont été explorés , suivant la profondeur
à laquelle les couches de combustible ont été atteintes ; la qualité paraît avoir été la meilleure dans
la région centrale , celle dont les travaux d'exploitation ont été les plus profonds et surtout dans la
couche inférieure qui s'est toujours montrée la plus
puissante ; toutefois , près de la surface , on a extrait
par les petits puits Léonie un charbon à chaux de
très-bonne qualité , sans nerfs de schistes ni de grès.

Généralement et surtout dans la région voisine des
affleurements , les couches de houille du Plessis ont
présenté des intercalations de nombreux filets schisteux en altérant beaucoup la pureté ; en outre , la
pyrite de fer s'y est montrée avec une certaine abondance , ce qui rendait ces charbons , surtout quand
ils étaient mouillés , sujets à s'échauffer et à brûler
spontanément. Cependant , on a extrait du Plessis
d'assez bons charbons pour la cuisson de la chaux ;
on a même pu les utiliser pour le chauffage des chaudières à vapeur et les usages de la teinturerie ; enfin ,
sur certains points de la mine , notamment au haut de
la veine inférieure , on a rencontré de la houille
maréchale d'assez bonne qualité.

Le charbon du Plessis doit , comme celui de Littry ,
être classé parmi les houilles grasses à longue flamme ;
il est collant et bon pour la maréchalerie , quand il
est suffisamment pur ; mais , par l'addition d'une proportion très-variable de matières stériles , il passe
par tous les degrés de la houille grasse à la houille
schisteuse et aux schistes plus ou moins bitumineux.

Deux analyses ont été faites, l'une en 1858, au lycée de Coutances, l'autre au laboratoire du service des mines à Caen, en 1867, sur des échantillons *choisis* de charbon du Plessis. Elles n'ont, par cela même, que peu de valeur, quoiqu'elles aient fourni des résultats à peu près identiques :

|  | Analyse de 1858. | Analyse de 1867. |
|---|---|---|
| Carbone fixe. . . . | 60,5 . . . . . . | 63,» |
| Matières volatiles. . | 35,6 . . . . . . | 33,4 |
| Cendres . . . . . | 3,9 . . . . . | 3,6 |
|  | 100,» | 100,» |
| Rendement en coke | 64, 4 °/₀ | 66, 6 °/₀ |

Cette composition se rapproche beaucoup de celle des charbons menus lavés de Littry, qui trouvent aujourd'hui d'importants débouchés dans la fabrication du gaz d'éclairage.

Nous n'ajouterons rien aux développements qui précèdent sur le mode d'exploitation qui a été employé au Plessis, ni sur les conditions économiques de l'extraction du charbon de cette mine.

L'exploitation a été peu régulière, peu suivie, faite sans méthode et parfois même en dépit des règles de l'art ; aussi, a-t-elle été généralement onéreuse, d'autant que la mine s'est trouvée presque toujours grevée de frais généraux bien élevés par rapport à sa production, et qu'il a été dépensé des sommes assez considérables en travaux de recherches peu judicieusement entrepris.

Le prix de vente a été assez régulièrement de 1 fr. 60 l'hectolitre, pesant 100 kilogrammes en

moyenne pendant la période de 1838 à 1846 , durant
laquelle l'extraction a eu le plus d'activité. Dans le
même temps , avec un prix de vente de 1 fr. 44 à
1 fr. 45 seulement, la mine de Littry trouvait à réa-
liser chaque année de beaux bénéfices.

La remise en exploitation de la concession du
Plessis est très-désirable ; on parviendra peut-être
à y asseoir une entreprise sérieuse et profitable ;
mais , auparavant, il conviendra , par de nouveaux
sondages, de s'assurer des ressources réelles qu'offre
cette concession du côté du marais de Gorges et loin
de la région des affleurements et des épanchements
porphyriques.

# CHAPITRE III.

## MINE DE LITTRY.

—

**HISTORIQUE.**

La découverte de la mine de Littry a précédé, de quelques années seulement, celle du gisement du Plessis ; elle fut faite, en 1741, par un particulier qui, en creusant un puits sur une couche de minerai de fer, rencontra le charbon à peu de profondeur. Sur le rapport qu'il en fit à M. le marquis de Balleroy, propriétaire de grosses forges qui existaient alors dans le bourg de ce nom, ce dernier entreprit des recherches qui lui firent bientôt atteindre le relèvement d'une couche importante de houille dont l'exploitation, plus que séculaire, s'est prolongée jusque dans le courant de 1864.

M. de Balleroy demanda la concession de cette mine ; elle lui fut accordée pour un temps indéfini, par arrêt du Conseil du 15 avril 1744, confirmé par lettres-patentes du 14 novembre suivant, et pour un périmètre s'étendant sur 15 lieues de longueur et 8 de largeur, entre les vallées de l'Orne et de la Vire, la mer de la Manche et les villes et bourgs de St-Lo, Caumont, Villers-Bocage et Goupillières.

Quatre puits furent ouverts dès cette époque, de 1743 à 1745 (fosses Le Sauvage, n° 1, Pierre Raould, de La Couture Raould et la fosse à pompe); mais les travaux d'exploitation étant assez mal dirigés et les préjugés repoussant alors l'usage de la houille, M. de Balleroy fit de très-mauvaises affaires. Cet insuccès le décida à céder, le 6 juin 1747, moyennant la somme de cent cinquante mille livres et sous la réserve d'un tiers dans les profits de l'exploitation, son privilége aux concessionnaires actuels qui se constituèrent en société par un acte du 12 du même mois, dont les clauses ont été conservées intactes jusqu'à ce jour et régissent encore la Compagnie de Littry.

L'exploitation fut lente sous les premiers directeurs et aussi ruineuse pour les nouveaux concessionnaires qu'elle l'avait été pour M. de Balleroy; ce ne fut qu'en 1758, sous le directeur Bisson, ingénieur des ponts et chaussées, et par ses soins que l'entreprise changea de face. Sans rapporter d'abord de grands bénéfices, elle cessa du moins d'être onéreuse, et l'on put même déjà, sous cette direction, acquitter des emprunts considérables.

Le 5ᵉ puits fut ouvert en 1749, et l'année suivante on plaça sur ce puits une machine à feu destinée à l'épuisement des eaux. Cette machine, l'une des premières dont on ait fait usage sur une mine française, venait d'Angleterre et était munie d'une chaudière sphérique en cuivre qui, alimentée par les eaux sulfatées de la mine, éprouva de fréquentes avaries et fit même explosion en 1755, entraînant la mort du chauffeur et du tiseur. Les nombreuses réparations que nécessita l'emploi de cette machine, les dépenses considérables d'entretien qui s'ensui-

virent (1,250 livres par mois, sans compter le charbon) contraignirent la Compagnie, malgré l'avis du
directeur Bisson, à renoncer à en faire usage en
1756, et, deux ans après, furent vendus à l'encan
les débris de ce moteur, construit alors que la machine à vapeur n'était encore que dans l'enfance,
avant que Watt n'y eût apporté les perfectionnements
et les transformations qui ont illustré son nom.

De nombreux puits furent ouverts après celui de
la machine à feu sur la concession de Littry (1), et,
de 1759 et 1763, datent les fosses Frandemiche et
Ste-Barbe, sur lesquelles l'extraction s'est prolongée
sans discontinuer jusqu'en 1864.

Après la direction Bisson, la mine de Littry re-
tomba entre des mains moins capables et ne prit pas
l'essor auquel on devait s'attendre ; mais, dès 1784,
époque à laquelle M. Noël devint directeur, les choses
changèrent encore de face, et la fortune vint favoriser
cette entreprise à tel point qu'en l'an III, l'extraction
atteignait le chiffre de 540,000 boisseaux (demi-hecto-
litres, pesant en moyenne 50 kilog.).

En vertu des dispositions de la loi du 28 juillet 1791,
le directeur Noël soumit, en 1800, des propositions
au Conseil des Mines, pour la rectification du péri-

(1) Dans une légende annexée aux planches IV et V, consacrées à
la mine de Littry, nous indiquons les coupes connues de chacun des
puits et sondages entrepris sur cette concession. C'est à cette légende,
dont l'intercalation dans le corps de la notice eût été fort difficile, que
le lecteur voudra bien se reporter pour se rendre compte des résultats
acquis par les divers travaux en profondeur opérés sur la concession
de Littry. Il trouvera, au reste, des renseignements complémentaires
à cet égard dans les coupes détaillées figurant aux annexes de cette
notice.

mètre de la concession de Littry, lequel fut réduit à
115 kilomètres carrés, 86 hectares, par décret du
24 nivôse an XIII.

Sagement conduite par un comité de direction,
siégeant à Paris, se réunissant chaque quinzaine et
se faisant tenir au courant, comme le témoignent les
nombreux volumes de la correspondance, des moindres
incidents de l'exploitation, la mine de Littry continua
à prospérer pendant les cinquante premières années
de ce siècle et l'extraction atteignit, en 1840, son
maximum, s'élevant à 532,000 quintaux métriques.
Pendant cette période, fut constitué et entretenu un
fonds de réserve fort considérable, qui a servi depuis
à solder des dépenses d'exploration et de recherches
nécessitées par l'épuisement de la région sur laquelle
les travaux s'étaient concentrés depuis si longtemps.

C'est en 1844 que commença à s'opérer le déplacement de l'exploitation qui abandonna peu à peu les
environs de Littry pour se reporter, à sept kilomètres de là, au village de Fumichon, presque sur
les confins du périmètre de la concession de l'an XIII.

La découverte de la houille dans cette région en-
traîna un remaniement du périmètre de la mine;
certaines parties stériles dans le sud furent abandonnées et une extension de périmètre dans la région
du nord fut accordée par décret du 15 janvier 1853.

Sur la feuille I des cartes est figuré le périmètre
actuel de la mine de Littry, tel qu'il résulte des sti-
pulations de ce décret qui lui a assigné une étendue
de 100 kilomètres carrés et 6 hectares.

Depuis 1856, la concession de Littry a traversé
une phase moins prospère, résultant de la concurrence des charbons anglais, du développement des

voies ferrées amenant ces charbons sur les lieux de consommation et du déplacement de l'exploitation reportée à Fumichon ; mais, dans ces dernières années déjà, la Compagnie paraît sortir de cette période critique, et cela, par l'introduction du lavage des menus qui a permis aux charbons de Littry, presque entièrement employés jusqu'alors à la cuisson de la chaux, de convenir à certains emplois industriels plus rémunérateurs, tels que la fabrication du gaz d'éclairage et celle des agglomérés.

Ce rapide historique, rapproché de celui de la mine du Plessis, renferme plus d'un enseignement.

Si la concession de Littry a été longtemps florissante et a su traverser depuis et supporter des phases peu prospères, elle le doit moins à la richesse particulière de son gisement qu'à cet esprit de suite qui a tant fait défaut au Plessis, qu'à cette continuité d'efforts d'une société, soucieuse autant et plus de l'avenir que du présent, et gérant avec sagesse et prévoyance une affaire dans laquelle n'ont pas cessé d'être intéressées, sinon les mêmes personnes, tout au moins les mêmes familles.

La gestion technique elle-même s'est longtemps implantée dans la famille du directeur de 1784, et de là sont nées, entre la société de Littry et ses représentants sur la mine, une communauté de vues et une sûreté de rapports qui ont puissamment contribué à la prospérité de l'entreprise.

## DESCRIPTION GÉOLOGIQUE.

Presque partout recouvert par les formations plus récentes du grès rouge ou du grès bigarré et par les alluvions triasiques, le terrain houiller n'apparaît, à Littry et dans les environs de ce bourg, qu'en un fort petit nombre de points, sur une étendue extrêmement restreinte et là où ses couches, d'ordinaire assez profondes et presque horizontales, ont été mises à nu par des érosions ultérieures ou relevées par des accidents locaux, généralement dus à l'apparition du porphyre.

Sur la planche IV, qui renferme le plan à l'échelle de $\frac{1}{20000}$ de la partie explorée de la concession de Littry, laquelle ne comprend guère que la moitié de l'étendue de cette concession, sont indiqués, par un signe spécial, les rares affleurements de couches de houille connus à Littry ; ceux des grès et schistes qui accompagnent la houille sont plus fréquents, mais leur indication sur le même plan eût été sans utilité et sans intérêt.

Le terrain houiller est adossé, dans toute l'étendue de la concession de Littry (v. les pl. I et IV), aux terrains de transition inférieurs, dessinant de l'est à l'ouest une ligne sinueuse, d'après laquelle a été tracée, pour éviter de concéder des terrains stériles, la limite sud du périmètre de la concession, dans l'instruction qui a précédé la fixation définitive de ce périmètre par le décret de 1853.

Les schistes et grauwackes des couches cambriennes sont généralement orientés vers l'est 10 à 15° nord, fortement redressés et traversés de nombreux filons de quartz laiteux blanc et gris ; ils constituent une région présentant des reliefs assez sensibles et répétés et atteignant des altitudes variant entre 120 et 130 mètres, tandis que, dans l'étendue de la concession de Littry et plus au nord, les co-

teaux des assises triasiques et les plateaux liasiques
ne dépassent que bien rarement la cote de 60 mètres
et se maintiennent d'ordinaire entre 35 et 55 mètres
d'altitude.

Les mêmes couches cambriennes se retrouvent, en
profondeur, dans la partie du golfe du Cotentin dans
laquelle s'est déposée la formation houillère de Littry ;
la fosse des Landes (nº 7) les a traversées sur 94 mètres de hauteur ; la fosse Floquet (nº 41) a son puis-
sard creusé dans ces couches ; enfin, un puits foncé
de 1813 à 1816 (voir la coupe annexe nº 15), en
contre-bas de la fosse St-Georges, a rencontré dans
le fond une grauwacke quartzeuse et talcifère, en
strates presque verticales orientées est-ouest, et qui
fait partie des mêmes assises.

Un plus grand nombre de puits les aurait également
ment atteintes, s'il y avait eu intérêt à multiplier les
recherches en contre-bas des couches de houille exploitables ; mais ces puits auraient pu rencontrer le
fond du golfe à de beaucoup plus grandes profondeurs, si l'on envisage que, dans le bassin de Fumichon, on a reconnu, à l'aide du sondage entrepris
au-dessous de la couche exploitée (voir la coupe-annexe nº 19), la présence du terrain houiller jusqu'à
285 mètres de profondeur et que le sondage fait à
Engleville (coupe-annexe nº 17) n'avait même pas
dépassé à 263 mètres les assises puissantes du grès
rouge.

A part l'altitude qui n'est pas comparable, les
schistes de transition, formant le sol sur lequel s'est
déposé le terrain houiller de Littry, devaient présenter des reliefs et des vallées rappelant les accidents de terrain de la région du Bocage, et c'est aux

inégalités de ce sol qu'il faut attribuer ces rapprochements du mur et du toit de la couche qui divisèrent celle-ci par bassins très-irréguliers, tant par leur forme que par leur grandeur. Ce morcellement en bassins, dans l'intervalle desquels le terrain houiller de Littry se montre stérile, paraît être un des traits particuliers de cette formation, tout au moins dans la partie voisine de la lisière des terrains de transition, la seule bien explorée jusqu'ici.

La région de Fumichon est encore trop peu connue, dans une zone de quelque étendue, pour que l'on ait pu y constater le même caractère; mais il est possible que, dans cette région, le terrain houiller prenant plus de puissance, les accidents du fond n'aient pas amené un morcellement semblable. Ce qui tendrait à le faire croire, c'est la régularité remarquable de l'unique couche exploitée à Fumichon, sur un développement de galeries maintenant comparable à l'étendue des anciens bassins de Littry.

C'est en étudiant chacun de ces bassins, l'un après l'autre, que nous allons aborder la description géologique et technique de la formation houillère de Littry; mais, au préalable, il convient de signaler l'apparition, au milieu de cette formation, d'une roche d'origine éruptive qui a bien pu contribuer, dans une certaine mesure, au morcellement de la couche en bassins, et qui a surtout déterminé des accidents locaux fort intéressants.

Le pétrosilex passant en porphyre, que l'on rencontre en nombre de points de la concession de Littry, est décrit en ces termes par M. Hérault, dans le Mémoire qu'il a publié sur les terrains du Calvados.

« C'est une roche ordinairement très-compacte,

très-dure et cependant assez fragile. Elle est fréquemment traversée dans tous les sens par des filets de feldspath blanc et quelquefois par des veinules de spath calcaire; sa couleur est en général le vert obscur ou le gris bleuâtre, mais elle offre des parties grises, jaunâtres, rougeâtres ou brunes, qui contiennent des petits cristaux de feldspath ainsi que des grains de quartz vitreux, et alors elle passe au *porphyre quartzifère*. Les nombreuses fissures dont elle est remplie la divisent en blocs peu épais et souvent même en plaques très-minces qu'on prendrait au premier aspect pour des couches fort régulières. »

Ce porphyre, tantôt pétrosiliceux, tantôt quartzifère, et qui, avec sa variabilité d'aspect et de structure, pourrait être qualifié parfois de porphyre trachytique, ne renferme à Littry, comme au Plessis, que peu de minéraux disséminés; en outre du quartz et du feldspath libres, on y trouve parfois du péridot et du fer oxydulé, et la roche agit alors sur l'aiguille aimantée. Une roche de cette nature, magnétique et fusible au chalumeau, qualifiée de trapp par M. Héricart de Thury, aurait été rencontrée en l'an VII, dans un burck foncé jusqu'à 37 mètres en contre-bas de la couche, entre les fosses Girard et Frandemiche (voir la fig. 5, pl. V, indiquant l'emplacement de ce burck).

Le porphyre forme à Montmirail, sur la commune du Breuil, une sorte de promontoire allongé de 700 à 800 mètres de longueur, orienté nord-est-sud-ouest, sur le flanc duquel les couches du terrain houiller ont été relevées d'une façon très-accusée. A diverses profondeurs, dans les environs de ce massif, on en a retrouvé les prolongements, ainsi que nous aurons à le constater plus loin ; le porphyre se voit aussi entre St-Martin de Blagny et Baynes, constituant un second massif, près du moulin de la Quérze et du hameau de Notre-Dame de Blagny ; on le retrouve également, en dehors du périmètre de la concession, au sud de Littry, dans la forêt de Cérisy, et il y a été longtemps exploité pour l'entretien de la route de Bayeux à St-Lo.

Nous aurons l'occasion de signaler bientôt nombre de puits et de sondages qui ont rencontré le porphyre ; celui-ci, dans sa variété pétrosiliceuse rappelant les roches de Montmirail, a été atteint en particulier à $106^m,80$ de profondeur par le puits du Carnet, n° 34 (v. la coupe-annexe n° 4) et a présenté des passages graduels fort nets du pétrosilex au porphyre quartzifère. En outre, avant de le rencontrer, le puits traversa, sur $6^m,80$ de hauteur, une roche feldspathique altérée dont il importe de signaler également l'existence, parce que cette roche est très-répandue dans le bassin de Littry, qu'elle accompagne généralement le porphyre et qu'elle se trouve parfois isolée et intercalée entre les strates du terrain houiller.

Cette roche feldspathique altérée se voit à Montmirail, à Notre-Dame de Blagny, et il n'est pas douteux sur ces points, comme au puits du Carnet, qu'elle est le produit de la décomposition du porphyre. On a retrouvé la même roche dans la traversée des galeries menées à différents niveaux, entre les puits Bénard et St-Georges (v. la fig. 3, pl. V), en recoupement du massif porphyrique qui a déterminé un si remarquable relèvement de la couche de houille de l'ancien bassin. Enfin, dans le sondage fait en contre-bas de la fosse Touvais (coupe-annexe n° 6) et le puits foncé au-dessous de la fosse St-Georges (coupe-annexe n° 15), on a traversé sur 22, sur 30 et jusqu'à 50 mètres de hauteur, des masses feldspathiques compactes intercalées entre les couches du terrain houiller. Elles n'ont pu s'introduire au milieu de ce terrain que par un effort latéral, qui n'a cependant pas amené de perturbation sensible dans l'allure de la couche du bassin Noël et de l'ancien bassin ou par des épanchements contemporains de la formation houillère.

Nous avons déjà signalé de semblables faits d'intercalation au Plessis ; mais, sur la mine de Littry, ils ont été bien plus fréquents et surtout étudiés de plus près par feu M. Hérault (1) qui s'est particulièrement attaché à les décrire et qui signale le porphyre décomposé comme rencontré au fond des

(1) Nous n'avons pu constater par nous-même aucun fait de cette nature sur le bassin de Fumichon, seul exploité depuis dix ans dans la concession de Littry ; mais, dans ses nombreux rapports ou mémoires sur les mines du Plessis et de Littry, M. Hérault insiste trop sur la présence d'épanchements porphyriques interstratifiés au milieu du terrain houiller de Basse-Normandie, pour que nous ayons pu nous abstenir d'en faire mention dans cette notice.

En Angleterre, on voit, entre la chaîne des Cheviots et la Tees, sur 69 kilomètres de longueur et 10 à 15 de largeur, une vaste nappe de roche éruptive, puissante de 30 à 40 mètres, intercalée dans les couches de la formation carbonifère. C'est une roche noire, dure, formée surtout de labrador et de pyroxène, parfois altérée, blanche et kaolineuse au contact des filons métalliques. Les géologues anglais l'ont qualifiée de trapp ; le même nom a été donné à plusieurs reprises, notamment par M. Héricart de Thury, au porphyre pétrosiliceux de Littry.

puits Noël (n° 32), St-Charles (n° 33), Dumartroy
(n° 31 *bis*), et comme formant ainsi une sorte de
nappe à très-peu de distance au-dessous de la couche
exploitée dans le bassin Noël.

En étudiant, par la suite, le petit bassin Lance ou
de la Rogerie, nous signalerons des faits du même
genre constatés par les puits et sondages pratiqués
tout autour de cet îlot de terrain houiller.

Après avoir fait connaître, dans leur constitution
minéralogique et dans leurs rapports généraux avec
le terrain houiller de Littry, le porphyre, ses diverses
variétés et la roche décomposée qui s'y rattache,
passons à l'étude des divers bassins dont nous avons
tout d'abord signalé l'existence.


ANCIEN BASSIN.


C'est sur l'ancien bassin que s'est opérée la découverte de la mine de Littry, que s'est concentrée
l'exploitation la plus durable et la plus prospère;
c'est par lui que nous commencerons.

Dix-sept puits, dont le dernier remonte à 1801,
ont été ouverts sur ce bassin de forme elliptique,
mesurant à peine 1,000 mètres de l'est à l'ouest et
800 mètres dans la direction du nord. La coupe complète d'aucune de ces fosses n'a été conservée, bien
que le mémoire de M. Héricart de Thury renferme,
à l'égard de plusieurs d'entre elles, quelques indications qui trouveront leur place dans cette notice.
La seule donnée précise que l'on ait, c'est la profondeur de chaque puits et, partant, le niveau auquel
se trouve la couche principale de ce bassin et au-delà

de laquelle, à cette époque, on n'avait pas encore songé à entreprendre aucune exploration.

Quant à la puissance du terrain houiller dans cette région de la mine, à la succession des bancs de grès houillers, de schistes argileux et de poudingues à galets siluriens, à pâte de grès houiller, qui constituent ce terrain, on n'a aucune indication de quelque valeur sur leur compte, si ce n'est ce seul fait qu'un peu au-dessus de la couche principale de houille, on rencontrait toujours un, deux ou trois bancs de poudingues, ayant ensemble plusieurs mètres d'épaisseur, en contre-bas desquels les exploitants du siècle dernier avaient la conviction de devoir toujours rencontrer le charbon.

En ce qui concerne la couche principale de houille atteinte par l'ancien bassin, la seule sur laquelle l'exploitation ait été durable et sérieuse, une coupe très-précise en a été conservée ; nous l'indiquons de suite, bien qu'il soit douteux que cette grande couche ait présenté constamment, dans toutes les parties de l'ancien bassin, les mêmes alternances d'escailles schisteuses et de parties charbonneuses.

**Coupe de la couche principale de l'ancien bassin.**

1° *Toit:* grès et quelquefois schiste argileux. 0$^m$,00
2° *Houille* mélangée de filets de schistes
   (2° toit charbonneux). . . . . . . 0 32
3° Argile schisteuse dite *grosse escaille.* . 0 40
4° *Houille* maigre avec filets schisteux
   (1er toit charbonneux) . . . . . . . 0 48
                             *A reporter.* . . . . 1$^m$,20

*Report.* . . . . 1<sup>m</sup>,20

5° Argile schisteuse dite *petite escaille.* . . 0 16
6° *Houille* de bonne qualité ( *sillon de la veine* ). . . . . . . . . . . . . . 0 66
7° Argile schisteuse mélangée d'un peu de houille dite *Haverie* . . . . . . . . . 0 08
8° *Houille* grasse ( *sillon du mur* ). . . . 0 66

Puissance totale. . . . . 2<sup>m</sup>,76

Puissance réduite , défalcation faite des parties stériles . . . . . . . . . . . . . 2<sup>m</sup>,12

Les premiers exploitants ne prirent d'abord que le cœur ou le sillon de la veine qui fournissait le meilleur charbon , le plus pur et le plus convenable pour la forge ; plus tard , revenant sur leurs pas , ils enlevèrent la haverie que l'on trouva à vendre comme charbon à chaux et le sillon du mur qui donnait du gros charbon un peu nerveux , de qualité moyenne , bon pour la grille et les usines. Ce n'est qu'en dernier lieu qu'on songea à exploiter le premier, puis le second toit charbonneux qui donnèrent une houille généralement schisteuse, acceptable cependant pour la chaufournerie. De la sorte , il est certaines parties de l'ancien bassin sur lesquelles on est revenu, à près de cent ans d'intervalle, notamment dans les derniers temps de l'exploitation où , au lieu de travaux réguliers , on procéda à un grapillage de tout ce qui avait nom ou apparence de charbon et avait été laissé par les « anciens. »

Ces retours successifs dans les vieux travaux , ce grapillage qui se perpétua nombre d'années , au détriment de la réputation que s'étaient acquise les charbons de Littry, expliquent la durée plus que séculaire de l'ancien bassin. Il a dû en être extrait environ 1,200,000 tonnes de charbon, d'après l'étendue du bassin et la puissance de la couche ; cette évaluation toute approximative se trouve au reste confirmée par le tonnage qu'ont atteint les ventes, dans les quatre-vingts dernières années, défalcation faite de l'appoint des bassins Noël et de Fumichon.

On a rencontré et exploité également sur l'ancien bassin, de 1816 à 1821 et depuis, trois autres petites veines d'une houille généralement sèche. La première a été atteinte par le puits Ste-Barbe, à 27 mètres au-dessus de la couche principale ; elle n'a pas été trouvée dans le puits St-Georges, mais celui-ci a recoupé une deuxième veine, à 8 mètres seulement au-dessus de la grande couche ; enfin, dans le puits fait de 1813 à 1816 en contre-bas de la fosse St-Georges (coupe-annexe n° 15), on a rencontré, à 64 mètres au-dessous de la couche principale et après avoir traversé, sur 50 mètres, la masse feldspathique altérée dont nous avons déjà signalé la présence, une troisième petite veine qui a été elle-même exploitée. Ces trois couches n'avaient que de 0$^m$,40 à 0$^m$,50 de puissance et elles vinrent à disparaître après s'être amincies graduellement.

La couche principale de l'ancien bassin de Littry a présenté une direction assez régulière de l'est à l'ouest et un pendage vers le nord d'environ 0$^m$,10 par mètre, puisque entre les fosses Bailleul ou Leboucher et le puits Ste-Barbe, sur un intervalle de 600 mètres environ, la couche s'est abaissée de 58 mètres. C'est ce dernier puits qui a atteint la couche principale à la plus grande profondeur, à 120ᵐ,75 ; aussi a-t-il été conservé le dernier de façon à assurer l'épuisement des eaux de l'ancien bassin.

Sur toute la lisière nord de celui-ci, la grande couche, diminuant successivement de puissance en même temps que les assises du toit et du mur présentaient un redressement sensible, est venue finalement à disparaître, sans qu'à la suite de ces *barrages* ou *remontages* (noms donnés par les ouvriers à ces accidents de la veine) on ait pu retrouver celle-ci, malgré de nombreuses recherches en galeries dont la principale, la voie Fougère, atteignit un développement de plus de 130 mètres.

Sur la lisière sud de l'ancien bassin, la couche prend fin par un accident d'une autre nature et dont nous avons déjà parlé, par un relèvement fort remarquable que lui a fait subir le porphyre, en la ramenant, par une pente de 45°, d'une profondeur de 60 mètres environ jusqu'à 13 mètres seulement de la surface. Dans ce relèvement, le porphyre a brisé la couche, en sorte qu'il est resté, entre la roche éruptive et les schistes de transition de la ceinture du golfe, un lambeau vertical de houille, se prolongeant jusqu'à 0ᵐ,35 du sol, ayant 60 mètres dans sa plus grande hauteur, près de 15 mètres d'épaisseur dans sa partie la plus renflée et auquel on a donné à Littry le nom de « *Poche de Bénard* ou de *veine Préaux.* »

Les figures 3 et 4 de la planche V représentent ce remarquable accident de la couche qui, depuis longtemps, a acquis une certaine notoriété. Sur la figure 3, sur laquelle l'emploi de deux échelles différentes, l'une pour les longueurs, l'autre pour les

hauteurs, a déterminé un redressement trop accentué
de la couche, on voit celle-ci disparaître, après s'être
amincie sur le sommet du piton porphyrique et n'offrir aucune continuité avec la veine Préaux. La
figure 4 donne le profil longitudinal de cette veine
qui, sur la fin du siècle dernier, a été attaquée et
suivie par la fosse Préaux, depuis la surface jusqu'à
78 pieds de profondeur.

La partie la plus inférieure de la même veine a
été exploitée par le puits Bénard, ouvert dans les
schistes cambriens et duquel partaient des galeries à
travers bancs allant recouper la veine Préaux à différents niveaux, traversant la masse porphyrique,
rejoignant sur le flanc nord de ce massif la couche
relevée et se reliant alors au réseau des galeries
du puits St-Georges.

C'est, comme nous l'avons déjà dit, ce relèvement
de la veine qui a donné lieu, en 1741, à la découverte
de la mine de Littry et qui a été atteint, dans les premiers temps, par les deux fosses Le Sauvage (n°s 13
et 9), par la fosse de la Couture-Raould (n° 14) et
par la fosse Thézard (n° 5), sur lesquelles l'exploitation s'est prolongée aussi longtemps et aussi profondément que le permettaient les moyens d'épuisement bien imparfaits dont on disposait à cette époque.

Par la fosse des Bouzeries (n° 16), ouverte dès
1776, abandonnée, puis reprise en l'an III, on rencontra, à 20 pieds de profondeur, un brouillage
charbonneux de 4 pieds renfermant une petite couche
de houille. Les affleurements de cette couche et des
schistes charbonneux qui l'accompagnent se voyaient
un peu à l'est de ce puits, du côté de Montmirail,
ce qui semblerait accuser la liaison du massif de

porphyre de Montmirail et de celui de la veine Préaux.

Sur la lisière sud-ouest de l'ancien bassin, la couche a présenté un autre accident intéressant. Au lieu de disparaître par un rapprochement graduel du toit et du mur, la veine, après avoir été atteinte à près de 65 mètres de profondeur par les fosses Bailleul et Leboucher (nᵒˢ 3 *bis* et 4), prit fin brusquement, en amont pendage, par l'effet d'une faille, ainsi que l'indique la figure 5 de la planche V. La fosse Girard tomba sur cet accident de la couche, réduite contre la faille à quelques pouces d'épaisseur, et ne la retrouva, avec sa puissance normale, que par des travaux conduits au nord-est et à l'est.

Les anciens exploitants paraissent ne pas s'être préoccupés de rechercher ce qu'était devenue la couche principale de Littry, au-delà de cet accident; c'est une question encore pendante, et pour la solution de laquelle la Compagnie de Littry s'est demandée, depuis plusieurs années, s'il n'y aurait pas lieu d'entreprendre un ou deux sondages au sud de la fosse Girard, avec l'espoir de rencontrer la couche rejetée en hauteur, à une soixantaine de mètres seulement de profondeur.

Nous passerons sous silence les petits accidents de toute nature, crains, étranglements, failles, rejets, que présenta la couche dans l'ancien bassin et sur le compte desquels on n'a, au reste, que des données peu précises. C'est à peine si on a conservé le souvenir d'autres accidents, d'accidents d'exploitation qui eurent une certaine gravité. Le 23 nivôse an III, une inondation générale des travaux se produisit et faillit engloutir sept hommes et deux enfants qu'on ne sauva qu'après cent-dix heures d'épuisement et au prix des plus grands efforts ; à plusieurs reprises, notamment en 1751, 1760, 1775, et en floréal an VII, des incendies répétées, d'une durée de 8, 15 et même 20 jours, prirent naissance dans la mine, par le fait de la combustion spontanée des pyrites des toits charbonneux qu'on n'exploitait pas alors et qu'on laissait s'ébouler dans les vieux travaux.

BASSIN NOEL.

Dès 1818, redoutant l'épuisement prochain de l'ancien bassin, qui devait cependant encore durer plus de quarante ans, la Compagnie de Littry commença à entreprendre l'exploitation, par le puits Saint-Charles, de ce que, à cette époque, on appela la « *nouvelle exploitation* », de cette partie de la mine actuellement épuisée et à laquelle convient mieux la dénomination de Bassin Noël, qui lui fut ensuite donnée du nom du directeur de cette époque et du principal puits de cette région.

Le bassin Noël, limité de tous côtés par des étranglements de la couche, présente une forme infiniment moins régulière et plus déchiquetée que l'ancien bassin.

Par les quatre puits ouverts sur cette région de la mine (puits Dumartroy, n° 31 *bis*, puits Noël, n° 32, puits St-Charles, n° 33, puits Touvais, n° 35), on n'a atteint qu'une seule couche, moins puissante et moins avantageuse que celle de la région que nous venons de décrire.

Cette couche offrait la coupe suivante :

1° *Toit*, schiste et quelquefois grès houiller.  0$^m$,00

2° *Houille* maigre mélangée de filets de schistes. . . . . . . . . . . . . . . .  1  00

3° Argile schisteuse noirâtre. . . . . .  0  03

4° *Houille* maréchale . . . . . . . .  0  30

Total. . . . 1$^m$,33

5° *Mur*. Grès et quelquefois schiste argileux.

Mais il suffit de se reporter aux coupes connues de trois des puits ouverts dans ce bassin (annexes n$^{os}$ 2, 3 et 5), pour voir combien la veine était variable d'importance et de nature.

Ainsi, tandis que sur le puits Noël, situé dans la partie centrale, on avait 1$^m$,30 de houille dont un tiers de houille maréchale, on ne trouvait dans la région du puits Dumartroy, défalcation faite des nerfs de schistes, que 0$^m$,60 de charbon, d'excellente qualité, il est vrai, et, dans le puits Touvais, que deux couches de charbon à chaux d'une puissance totale de 0$^m$,95, séparées par un banc de grès houiller de plus d'un mètre.

Sur la fosse St-Charles, tombée sur un relèvement de la veine et ouverte comme les deux derniers puits que nous venons de mentionner sur les limites du bassin Noël, la couche n'avait que 0$^m$,60 de puissance, et, dans une galerie menée entre cette fosse et le puits Noël, on a vu la veine se réduire successivement à 0$^m$,25, 0$^m$,20 et même 0$^m$,15 seulement d'épaisseur (voir la fig. 3, pl. V).

On n'a pas trouvé d'autre couche de charbon dans cette région de la mine de Littry ; cependant, les deux puits Noël et Dumartroy ont traversé, l'un à 15m,93, l'autre à 15m,79 au-dessus de la couche, des brouillages charbonneux de quelque épaisseur qui peuvent, avec une certaine vraisemblance, représenter la petite veine supérieure du puits Ste-Barbe (1). En contre-bas de la couche, un sondage fait au fond du puits Touvais (coupe-annexe n° 6) n'a pas trouvé le prolongement de la veine inférieure du puits St-Georges, bien que ce sondage ait atteint 139 mètres de profondeur et soit resté tout le temps dans le terrain houiller, traversé à plusieurs reprises par des épanchements de roche porphyrique altérée. Ce sondage montre tout au moins, ainsi qu'on l'avait reconnu au reste dans l'approfondissement de la fosse St-Georges, la puissance qu'acquiert le terrain houiller au-dessous de la couche principale de charbon et la multiplicité et l'importance des bancs de poudingues, dans la partie la plus inférieure de la formation houillère.

La coupe du puits Noël donne une autre indication intéressante : c'est que les bancs de calcaire magnésien reposent presque sur le terrain houiller et n'en sont séparés que par une épaisseur de 13 mètres de grès rouge, lequel se développe au contraire en s'avançant au nord-ouest vers le puits Touvais, où il dépasse déjà 40 mètres de puissance.

(1) Le puits Touvais n'a pas rencontré ces mêmes brouillages charbonneux ; mais on ne doit pas s'en étonner parce que, dans cette région du bassin Noël, la partie supérieure de la formation houillère présente une dépression à la faveur de laquelle le grès rouge a pris un grand développement, à tel point que les derniers bancs permiens ne sont séparés de la couche que par 15m,40 de terrain houiller (voir la fig. 2, pl. V).

La couche du bassin Noël présente une pente générale assez régulière vers le nord ; mais, entre les puits St-Charles, Noël et Touvais, elle est moins accusée que dans l'ancien bassin. Du côté du puits Dumartroy, dans le voisinage duquel le terrain houiller est fort bouleversé, le relèvement de la veine est plus sensible et il doit être très-vraisemblablement attribué, ainsi que les accidents de la couche, à l'influence du porphyre de Montmirail, dont la roche feldspathique congénère a été trouvée au fond de ce puits, à 25 mètres au-dessous du charbon. Il y aurait donc un relèvement général de la couche vers le coteau de Montmirail, comme l'indique la fig. 2 de la pl. V, et les brouillages charbonneux trouvés dans la fosse du Mont de Goville (n° 21) formeraient le prolongement de cette couche.

Le bassin Noël a fourni un charbon généralement dur, de bonne qualité pour la cuisson de la chaux et de la houille maréchale en moindre quantité que dans l'ancien bassin ; l'intercalation de bancs de grès plus ou moins puissants et répétés au milieu de la veine en rendit l'exploitation difficile, par suite de l'abondance des déblais, et assez onéreuse en ce que l'emploi de la poudre dut être à peu près permanent. Sur les limites du bassin, la couche, par suite d'étranglements successifs, avait de moins en moins de puissance et son exploitation dut être abandonnée, alors qu'elle ne présentait plus que 0$^m$,30 à 0$^m$,40 d'épaisseur ; par de nombreuses recherches faites en galeries, sur divers côtés de la lisière du bassin Noël, on vit la couche s'amincir peu à peu et n'avoir plus, à cent et quelques mètres des dernières tailles, que 0$^m$,15 et même 0$^m$,05 de puissance (galerie menée en 1840 du puits Touvais vers le sondage n° 37).

Cette région de la mine n'a pas eu une existence bien prolongée; son exploitation n'a duré que trente-neuf ans, de 1818 à 1857, et il en a été extrait environ de 450,000 à 500,000 tonnes de charbon.

Aucun travail n'a été fait, entre les puits St-Charles, Ste-Barbe et St-Georges, pour établir la jonction, fort probable cependant, de l'ancien bassin et du bassin Noël. Il ne s'agissait au reste que d'une zone de 300 à 350 mètres de largeur et dans laquelle la couche, si elle eût été rencontrée, n'eût vraisembablement présenté qu'une puissance très-restreinte comme entre les puits St-Charles et Noël.

### RÉGION EST DE LA CONCESSION DE LITTRY.

Avant de passer aux autres bassins, situés à l'ouest de Littry, restons encore dans la même région de la mine pour parcourir et mentionner les nombreux travaux d'exploration qui y ont été entrepris, soit pour découvrir de nouveaux bassins, soit pour rechercher les prolongements de ceux connus et exploités.

Dans le bourg du Molay, la fosse Morandet (n° 36), ouverte en 1779, ne rencontra, à 110 mètres de profondeur, qu'un brouillage charbonneux de $0^m,50$ d'épaisseur; plus tard, un sondage entrepris dans le pré du moulin du Molay (n° 27), tout près de cette fosse, traversa 12 mètres d'alluvions triasiques, 20 mètres d'assises du calcaire magnésien et 48 mètres de grès rouge; un banc de grès houiller fut à peine atteint qu'on rencontra immédiatement au-dessous la roche porphyroïde altérée sur plus de 16 mètres. Ce sondage montre, comme la coupe du puits Touvais, le développement que prennent déjà les assises du grès rouge dans cette région de la concession.

Au nord et au nord-est du bassin Noël, le puits du Carnet (coupe-annexe nº 4) traversa les couches triasiques et permiennes, ne rencontra le terrain houiller stérile qu'avec une puissance réduite de 31 mètres et atteignit au fond le pétrosilex passant au porphyre. Le sondage de l'herbage du Breuil, nº 31 (coupe-annexe nº 1), après avoir traversé le trias sur plus de 57 mètres, resta jusqu'à 140 mètres de profondeur dans le terrain houiller, représenté pendant 45 mètres par des alternances répétées de poudingues et de grès que nous avons vu, dans le sondage fait en contre-bas du puits Touvais et dans le puits St-Georges, caractériser la partie inférieure de la formation houillère.

Ces assises de poudingues et de grès se relèvent de 102 mètres entre le puits Touvais et le sondage en question ; ce qui semble accuser un redressement général du terrain houiller vers le nord, dans la direction de Saon. Cette indication est confirmée par les résultats du sondage d'Origny (nº 47), qui, immédiatement après les assises du calcaire magnésien, recouvert seulement par les alluvions triasiques, a atteint le porphyre plus ou moins altéré, sans rencontrer au préalable aucune couche de la formation houillère.

Se relevant ainsi peu à peu au nord-est du bassin Noël, le terrain houiller paraît donc complètement disparaître sur les confins de la concession, entre Saon et Blay.

En nous rapprochant de la limite méridionale du périmètre de la mine de Littry, nous trouvons d'abord le sondage de la Conterie, n° 46 (coupe-annexe n° 11), qui a rencontré le terrain houiller stérile sur 31 mètres à peine pour atteindre ensute le porphyre; puis les nombreux puits et sondages entrepris dans un très-petit rayon, autour du coteau de Montmirail.

Entre ce coteau, l'ancien bassin et le bassin Noël, les fosses de la Pierre-Bise et du Mont-de-Goville (n° 18, 19 et 21), peu profondes d'ailleurs, n'ont rencontré que des brouillages charbonneux accusant un relèvement de la couche de ces deux bassins sur le flanc nord-ouest du coteau. Quant à la grande fosse Goville (n° 20), foncée jusqu'à 228 mètres, elle traversa, sans doute, les mêmes brouillages voisins de la surface, sans qu'on crût devoir s'y arrêter; à 160 mètres, elle en rencontra un autre, qui fut reconnu par une galerie de 60 mètres environ, et qui peut fort vraisemblablement occuper la place de la couche inférieure de la fosse St-Georges; puis, après ce brouillage, on tomba sur les poudingues houillers, que l'on traversa sans discontinuer jusqu'au fond du puits. On a cherché à expliquer cette puissance considérable des poudingues en admettant que le puits aurait recoupé en biais leurs bancs redressés par le porphyre; cette hypothèse est plausible, mais il n'en reste pas moins acquis que le grand puits de Goville atteignit la partie inférieure du terrain houiller, caractérisée par l'abondance de ses poudingues et trouvée stérile jusqu'ici.

Au nord de Montmirail, les sondages n° 29 et 49 ont rencontré, à peu de profondeur, le prolongement du porphyre de ce coteau et les autres recherches n<sup>os</sup> 27, 28 et 30 n'ont rien appris, l'abondance des eaux ayant contraint de les abandonner à peu de profondeur. Dans cette région, ainsi qu'à l'ouest de Montmirail, les alluvions triasiques, puissantes surtout autour des récifs qu'elles rencontraient, prennent une importance extraordinaire (le sondage Degouzée les a traversées sur plus de 30 mètres) et forment une nappe aquifère rendant les recherches fort difficiles.

Entre le coteau de Montmirail et les terrains de transition, s'est trouvé isolé, après l'apparition du porphyre, un petit îlot distinct de terrain houiller qu'on aurait pu appeler le *bassin Pelcoq* ou *de la Couture-Gosset*. Relevée sur le flanc est et sud-est du coteau, une couche de houille d'une puissance variable a été rencontrée à 6<sup>m</sup>,60 seulement de profondeur par la 3<sup>e</sup> fosse de la Couture-Gosset (n° 25), à 28 mètres par la première fosse du même nom (n° 23), à 35 mètres de profondeur par la fosse des Mouettes (1) (n° 26) et atteinte à 12 mètres seulement par la fosse Pelcoq (n° 22). Le puits n° 24, peu profond d'ailleurs, n'a pas dépassé les assises triasiques, à cause de l'abondance des eaux.

Ce lambeau de terrain houiller renferme, à la fosse Pelcoq, une couche orientée N.-S., plongeant de 0<sup>m</sup>,15 par mètre vers l'est et présentant une

---

(1) Sur cette fosse, on a cherché, par une galerie à travers bancs, ouverte à 47 mètres de profondeur, à recouper la couche rencontrée par le puits 12 mètres plus haut ; on l'a atteinte, mais en prolongeant cette galerie horizontale, on a vu le terrain houiller disparaître et les assises triasiques de schistes et de grès rouges lui succéder à 33 mètres du puits ; il y a donc eu, pendant la période triasique, érosion du terrain houiller dans la partie centrale du petit bassin de Pelcoq, comme l'indique la coupe n° 2 de la planche V.

puissance de 0ᵐ,50, avec intercalation dans la veine d'un petit banc de grès schisteux de 0ᵐ,10 d'épaisseur. Cette fosse a été ouverte en 1803, abandonnée depuis ; mais, en 1862, on est rentré dans les vieux travaux, en vue de rechercher s'il était possible d'entreprendre sur cette couche une exploitation avantageuse. On y a renoncé après avoir constaté que la veine n'avait qu'une puissance insuffisante et était de médiocre qualité.

Au hameau de la Rochelle a été trouvé récemment, en fonçant un puits dans une ferme, un affleurement de houille ; il appartient très-vraisemblablement à la veine de ce petit lambeau de terrain houiller que nous avons figuré dans la coupe nᵒ 2 de la pl. V.

Enfin, sur la limite est de la concession et dans le lit du ruisseau du Gril, un autre affleurement de houille a été également constaté ; cet affleurement peut faire suite à ceux de la Rochelle et de la fosse Pelcoq, comme nous l'indiquons par des traits ponctués sur la planche IV.

Quittons maintenant cette région de la concession pour nous reporter à l'ouest de Littry, où nous rencontrons tout d'abord le bassin de Floquet.

### BASSIN DE FLOQUET.

C'est par le foncement de la fosse Floquet, entrepris en 1818, que fut découvert ce petit bassin. Le puits qui lui a donné son nom rencontra, à 26 mètres à peine de la surface, le terrain houiller très-caractérisé et atteignit, à une profondeur de 121 mètres, une grauwacke quartzeuse appartenant aux terrains de transition, après n'avoir traversé à 119 mètres qu'un mince filet charbonneux de 0<sup>m</sup>,08 d'épaisseur. L'insuccès de cette découverte découragea les exploitants de cette époque ; on ouvrit cependant sur cette petite veine une galerie de 50 mètres environ à l'extrémité de laquelle la couche avait déjà acquis 0<sup>m</sup>,40 de puissance. Ce résultat ne parut pas suffisant et la fosse Floquet fut abandonnée dès 1822, pour être reprise ensuite de 1839 à 1845.

Les travaux de cette fosse prirent alors un certain développement ; on s'éloigna jusqu'à 340 mètres du puits, exploitant la même couche qui se présenta avec 0<sup>m</sup>,60 et même 0<sup>m</sup>,70 d'épaisseur, et donna un charbon excellent, bien qu'un peu dur, sans nerfs de grès ni de schistes au milieu de la veine.

Celle-ci présentait vers l'ouest un plongement assez fort de 0<sup>m</sup>,10 à 0<sup>m</sup>,15 par mètre qui vint bientôt accroître les difficultés de son exploitation, rendue déjà onéreuse par l'usage permanent de la poudre ; d'autre part, l'aérage des travaux, vicié par l'emploi des mines, commençait à devenir insuffisant, et la situation commandait d'ouvrir à courte échéance un second puits sur ce bassin.

Devant cette nécessité, la Compagnie de Littry, qui venait de porter en 1844 tous ses efforts sur la région de Fumichon, sur laquelle un puits était en fonçage, décida, un peu hâtivement, il faut le reconnaître, l'abandon de la fosse Floquet, dont il avait été à peine extrait 30,000 tonnes de charbon.

Depuis cette époque, les concessionnaires se sont, à plusieurs reprises, demandés s'il ne serait pas opportun de reprendre les travaux de cette fosse (1),

(1) Les limites assignées sur la planche IV au bassin de Floquet

sur laquelle l'exploration du terrain houiller n'a pas été assez complète pour que l'on puisse à bon escient considérer comme entièrement improductive cette région de la mine de Littry.

A 400 mètres au sud du puits de Floquet, avait été ouverte, de 1811 à 1815, la fosse des Landes (n° 7), dont les résultats, bien que négatifs, motivèrent peut-être l'exploration du bassin de Floquet. Cette fosse traversa le terrain houiller sur 63 mètres et atteignit, entre 44 et 47 mètres, des schistes charbonneux fortement redressés et renfermant quelques minces filets de houille de 3 à 6 pouces d'épaisseur, que l'on suivit en galerie sur plus de 30 mètres. On trouva les couches schisteuses, moins redressées, plus régulières, mais presque stériles ; c'est ce qui fit abandonner la fosse des Landes, qu'on avait d'ailleurs bien inutilement approfondie, de telle sorte qu'elle traversa, ainsi que nous l'avons déjà signalé, les schistes de transition sur 94 mètres de hauteur.

Quant à la couche de schistes charbonneux avec filets de houille que rencontra cette fosse, elle représente fort vraisemblablement le prolongement vers le sud de la veine du bassin de Floquet, ainsi que le figure la coupe 6 de la planche V.

Entre ce bassin et celui du bourg de la mine, il

sont simplement destinées à faire connaître l'étendue de la partie exploitée de cette région de la mine ; elles n'ont pas en vue, comme pour l'ancien bassin et celui de Noël, d'indiquer la zone sur laquelle la couche prend fin.

Nous faisons, dès à présent, une remarque semblable à l'égard du bassin Lance, qui a été à peine exploré, et de celui de Fumichon, qui est en cours d'exploitation et dont les limites se reculent chaque jour.

existe une zone de 1,000 à 1,100 mètres de largeur, qui a été explorée à diverses reprises.

Ce fut d'abord par la fosse Ste-Thérèse (n° 38), qui, ouverte en 1773, rencontra des brouillages charbonneux, avec veines de houille, à différents niveaux et notamment à 78 et à 97 mètres. Quelques galeries furent ouvertes, de 1773 à 1775, sur ces schistes charbonneux inférieurs, qui présentaient 4 pieds de puissance ; mais la compagnie de Littry, pressée d'argent à cette époque, fit abandonner ces recherches pour des travaux plus productifs.

L'existence d'une veine charbonneuse plus ou moins riche à la fosse Ste-Thérèse n'en a pas moins son importance, en ce qu'elle tendrait à donner quelque corps à l'hypothèse d'une jonction possible du bassin Floquet et de l'ancien bassin, comme le représente la coupe n° 1 de la pl. V.

Les résultats négatifs obtenus dans le fonçage du puits du Vieux-Presbytère (n° 30) (voir la coupe annexe n° 7) ne fournissent à cette hypothèse aucun appui ni aucun argument contraire. Immédiatement après les assises du calcaire magnésien, ce puits a traversé, sur 73 mètres, le terrain houiller qui s'y est montré stérile et n'a renfermé que quelques indices charbonneux. Mais à la fosse Floquet, la couche qui devait bientôt acquérir 0$^m$,60 et même 0$^m$,70 de puissance ne présentait, dans le puits lui-même, que 0$^m$,08 d'épaisseur. Il est possible que la fosse du Vieux-Presbytère soit tombée sur un resserrement semblable, qui expliquerait la présence des nœuds charbonneux que l'on y a rencontrés.

Le journal de la mine de Littry renferme, d'ailleurs, sur le fonçage de cette fosse, une indication qui n'est pas sans intérêt; c'est qu'à un certain moment, l'eau fit irruption dans le puits, comme si l'on avait percé de vieux travaux, et le remplit en quelques heures; en même temps, on constata sur la fosse Ste-Thérèse, qui était comblée, un affaissement du sol de près de six pieds. Ce double accident ne peut s'expliquer qu'en admettant que les travaux de la fosse Ste-Thérèse avaient pris, dans la direction du puits du Vieux-Presbytère, un développement considérable accusant un prolongement fort notable de la couche vers le nord.

Au fond de ce dernier puits, c'est le porphyre qu'on a rencontré, empatant des blocs de grès houiller et de schiste argileux. On l'a retrouvé également à une bien moindre profondeur dans le sondage du Pré Binet (n° 40) qui, ouvert dans la même région, n'a traversé qu'un banc de poudingue du terrain houiller.

La formation houillère paraît donc se relever et disparaître ensuite au nord du bassin de Floquet, ainsi que l'atteste au reste la rencontre, qui aurait été faite anciennement à très-peu de profondeur, d'une petite veine de charbon fort inclinée dans un puits de ferme ouvert au lieu dit « la maison Jouas. »

D'après ce relèvement du terrain houiller, c'est vers l'ouest, du côté de ce pendage local des couches, qu'il y aurait lieu de rechercher le développement du bassin Floquet, si l'on revenait un jour sur cette région de la mine.

### BASSIN LANCE OU DE LA ROGERIE.

Il faut traverser, en quittant ce dernier bassin,

une zone de 2,000 mètres, à peine explorée, pour trouver celui de la Rogerie ou de la fosse Lance, sur lequel les sondages se sont multipliés dans un petit rayon.

Ces sondages et le puits qui en occupe le centre ont encore atteint, comme tant d'autres effectués sur la concession de Littry, une région bouleversée par le porphyre.

C'est le sondage entrepris, en 1840, au Pré de la Rivière, près de Tournières (n° 43), qui a amené la découverte de ce bassin. Ce sondage (coupe-annexe n° 8), rencontra, sur 84 mètres, le terrain houiller, renfermant à peine une petite veine de houille à 114 mètres de profondeur, et traversa le porphyre altéré sur ses douze derniers mètres.

On se reporta alors plus au nord, sur le pendage général des couches de la mine de Littry, et on ouvrit, sur l'emplacement même qu'occupa ensuite le puits Lance ou de la Rogerie, un deuxième sondage dont les résultats favorables déterminèrent à entreprendre le fonçage de ce puits (coupe-annexe n° 10).

Il rencontra, à 35$^m$,70 de profondeur, une couche de 1$^m$,40, surmontée de brouillages, et atteignit à 42$^m$,55 une seconde petite veine de 0$^m$,50, reposant sur des schistes assez charbonneux, pour qu'on ait pu un moment songer à les exploiter pour la cuisson de la chaux.

Attaquée en galerie, la couche de 1$^m$,40 n'a présenté que 1$^m$,10 de puissance à 14 mètres du puits; plus loin de la fosse, du côté de l'ouest vers lequel était son pendage, son épaisseur se réduisait à deux pieds; dans toutes les autres directions, sa puissance diminuait encore plus sensiblement.

On ne se découragea cependant pas et l'on entreprit, tout autour du puits, cinq sondages pour étudier l'extension que pouvait prendre ce petit bassin et l'emplacement à choisir dans le cas où l'ouverture d'une seconde fosse serait nécessaire.

Ces cinq sondages (nous donnons la coupe de deux d'entre eux, annexes nᵒˢ 13 et 14) rencontrèrent tous le porphyre qu'avait au reste atteint déjà celui de la Rogerie, à 25ᵐ,80 au-dessous de la couche, et l'on constata, sur chacun d'eux, des intercalations de roche porphyrique altérée au milieu du terrain houiller.

Ce terrain, réduit à fort peu d'épaisseur sur le sondage de la Jambe à pied (nᵒ 54), s'y montra stérile; mais, dans ceux de la Siarderie (nᵒ 51), Guillemine (nᵒ 52) et des Croix (nᵒ 53), il renferma deux petites veines de charbon (1), qui, très-vraisemblablement, ne sont autres que le prolongement des couches de la Rogerie.

Le sondage de l'herbage de la Rogerie (nᵒ 55), ouvert au nord-est du puits, donna des résultats encore plus accusés. On y rencontra le porphyre à 38 mètres seulement de profondeur, immédiatement au-dessous du trias, et on y constata ainsi la disparition complète de la formation houillère du bassin Lance. Ce résultat se trouva d'ailleurs entièrement confirmé

---

(1) Deux petites veines semblables ont été trouvées dans le sondage des Hauts-Vents, nᵒ 50 (coupe-annexe nᵒ 12) ; mais on ne peut guère parler de ce sondage, pas plus que de celui du Maupas (nᵒ 42), en raison de leur éloignement considérable de toutes les autres régions explorées de la concession de Littry. L'affleurement probable de l'une des veines du sondage des Hauts-Vents se voit à 800 mètres environ au sud de ce forage, près du hameau du Grand-Marcy.

par la découverte, opérée à 120 mètres seulement de la fosse Lance et au nord-est de celle-ci, de l'affleurement de la couche rencontrée dans ce puits, à 40 mètres de profondeur.

Les concessionnaires se décidèrent rapidement, on le comprend, à abandonner, en 1845, ce petit bassin d'une allure si peu régulière et qui leur avait déjà procuré tant de mécomptes, alors surtout que les résultats favorables du sondage de Fumichon leur donnaient l'espoir d'une exploitation nouvelle et plus fructueuse.

## BASSIN DE FUMICHON.

Ce sondage (n° 48), entrepris de 1842 à 1844, atteignit, en effet, une région bien autrement régulière du terrain houiller, et traversa, à 195 mètres de profondeur, une couche d'un mètre de puissance suivie, quatre mètres plus bas, d'une seconde petite couche. Un puits (première fosse Fumichon, n° 56) fut immédiatement foncé, à 30 mètres du sondage, et, dès 1847, commençait l'exploitation de la houille dans ce nouveau bassin, dont l'extension, chaque jour croissante, motiva, en 1857, l'ouverture d'un second puits, à 664 mètres du premier.

Dans le chapitre I de cette notice, nous avons déjà signalé certains résultats d'un grand intérêt que fournissent les coupes des puits de Fumichon ; nous n'y reviendrons pas, et nous nous bornerons à faire remarquer combien il est difficile d'établir dans chacune de ces coupes, là où finissent les puissantes assises de la formation permienne et là où commence véritablement le terrain houiller. Celui-ci paraît n'avoir, au-dessus de la couche principale, qu'une puissance restreinte de 26 à 28 mètres; mais, en contre-bas de cette veine, il prend beaucoup plus d'importance, ainsi que nous le constaterons bientôt.

La couche de Fumichon a une épaisseur variant entre 0$^m$,80 et 1$^m$,10; elle est généralement divisée par des petits nerfs schisteux ou maigrages, en deux ou trois sillons qui fournissent chacun une houille de qualité différente. Le sillon central ou le sillon inférieur, quand il n'y en a que deux, donne, sur 0$^m$,40 à 0$^m$,50 d'épaisseur, une houille maréchale très-pure; les deux autres sillons fournissent du charbon à chaux moins pur et un peu schisteux.

Presque immédiatement au-dessous de la couche, on a rencontré cinq veinules de houille, ayant ensemble 0$^m$,60 d'épaisseur, puis une veine de 0$^m$,40 à 0$^m$,45 de charbon maigre, formant un horizon très-régulier à 4$^m$,10 ou 4$^m$,20 au-dessous de la couche principale. Cette veine inférieure a été reconnue sur cinq points (sondage de Fumichon, puits Fumichon, n° 2, burck de la galerie 15, recherches des galeries 102 et 103). Elle n'est pas exploitée, bien qu'on ait tenté de le faire momentanément par ces deux galeries.

A une plus grande profondeur, un burck et un sondage (n° 59) (coupe-annexe n° 19), faits en contre-bas de la couche principale du bassin de Fumichon, ont atteint à 43$^m$,75 des schistes mélangés de houille sur une épaisseur de 2 mètres et traversé ensuite, sur près de 35 mètres, les assises inférieures du terrain houiller caractérisées à Fumichon, comme dans les anciennes exploitations de Littry, par la fréquence des bancs de poudingues. La formation houillère est donc reconnue dans cette région de la mine sur près de 106 mètres d'épaisseur ; elle l'avait été par les puits de Touvais et de St-Georges, sur une plus grande puissance encore.

Si l'on cherche à établir un rapprochement entre l'ancien bassin et celui de Fumichon, malgré les 5 kilomètres qui séparent leurs limites les plus voisines, on peut envisager la couche principale de Fumichon et les petites veines qui en dépendent et qui forment un ensemble de 2 mètres d'épaisseur de houille, comme l'équivalent de la grande couche de l'ancien bassin divisée par des bancs de schistes et de grès de plus en plus épais, et les schistes charbonneux, trouvés à 43$^m$,75 en contre-bas de la veine de Fumichon, comme occupant la place de la petite couche inférieure du puits St-Georges.

Sur une étendue de plus de 650 mètres et par les galeries 13 et 19, il a été reconnu que le terrain houiller de Fumichon présente, vers le nord 20° ouest, une pente fort régulière de 0$^m$,09 à 0$^m$,10 par mètre, au pied de laquelle se produit un fond de bateau, suivi d'un relèvement contraire, mais bien moins prononcé. Le pendage au nord, si général au reste sur la mine de Littry, est confirmé par les résultats du sondage d'Engleville (1), qui, à 263 mètres de

(1) Après la découverte du bassin de Fumichon, dont les travaux dépassent actuellement l'ancienne limite de la concession, la Compagnie de Littry crut devoir demander une extension de son périmètre vers le Nord. C'est pour justifier cette demande, pour pouvoir se faire attribuer le droit d'inventeur sur la nouvelle région dont la concession était demandée, qu'elle entreprit, de 1848 à 1850, le sondage d'Engleville. L'extension de périmètre sollicitée a été accordée, comme nous l'avons dit au commencement du chapitre III, par décret du 15 janvier 1853.

profondeur, n'avait pas encore atteint la formation houillère, tandis que celle-ci se montre à Fumichon à 173 et 181 mètres seulement au-dessous de la surface.

Il paraît rationnel d'induire du pendage du terrain houiller de Fumichon vers le nord que, par contre, vers St-Martin-de-Blagny et Tournières, ce bassin doit se relever dans la direction du sud, et si l'on calcule sur la pente de $0^m,10$ par mètre connue et bien constatée, on arrive à conclure que la couche de ce bassin doit venir affleurer au jour à 2,000 mètres environ du puits Fumichon, c'est-à-dire justement à la Rogerie, ainsi qu'en cet autre point, au sud de St-Martin-de-Blagny, sur lequel nous figurons (voir la planche IV) un affleurement connu de houille, apparaissant immédiatement au-dessous des calcaires magnésiens. Le terrain houiller aurait ainsi été relevé au sud par les porphyres de la Rogerie et de Notre-Dame-de-Blagny.

Nous figurons, sur la coupe 7 de la pl. V, cette jonction possible, bien qu'assurément éventuelle, des bassins de Fumichon et de la Rogerie, et nous devons faire remarquer à cet égard que, dans les deux bassins en question, on a trouvé la même petite veine au-dessous de la couche principale. Si cette jonction, à laquelle nous ne sommes pas seul à croire, se réalise, il sera possible d'ouvrir par la suite, à une proximité fort avantageuse du chemin de fer de Paris à Cherbourg, un puits dans l'intervalle de ces deux bassins.

La couche de Fumichon présente une grande régularité, et les accidents y sont peu nombreux. Cependant, il en est un à signaler : la veine disparaît vers l'est, suivant une ligne parallèle au méridien magnétique, passant par la fosse Fumichon n° 1 et s'infléchissant au-delà vers l'ouest. Cet accident a été reconnu sur 400 mètres environ et la couche, sans doute rejetée par une faille très-oblique déterminant son amincissement graduel, n'a pas encore pu être retrouvée à l'est de cette fosse. La Compagnie de Littry étudie en ce moment quels travaux elle aurait le plus d'intérêt à entreprendre, puits ou sondages, pour rechercher dans cette région la couche de Fumichon, dont la disparition a réduit de moitié le champ d'exploitation de la fosse n° 1.

Jusqu'à ce jour il a été extrait environ 560,000 tonnes de charbon de cette région de la mine de Littry, qui a encore un long avenir devant elle.

### BASSIN DE MOON.

Cette description serait incomplète si nous ne faisions pas mention, brièvement au moins, du petit îlot de terrain houiller de Moon et d'Airel (1), situé à 9 kilomètres de St-Martin-de-Blagny, sur les confins ouest de la concession de Littry.

Ce petit bassin, qui s'étend dans le département de la Manche, a été exploré de 1754 à 1756 par la Compagnie de Littry. Après plusieurs sondages, trois puits furent successivement ouverts, à peu de distance l'un de l'autre, sur les pièces dites de la Four-

---

(1) Ce lambeau de terrain houiller n'est pas figuré sur la planche IV en raison de son peu d'importance et de son grand éloignement des autres parties explorées de la mine de Littry ; mais l'emplacement du puits principal de Moon est indiqué sur la planche I.

cherie, commune de Moon, et l'un d'eux, qui fut approfondi jusqu'à 320 pieds, rencontra des brouillages charbonneux avec veinules de houille à 75, 103, 122 et 184 pieds. Une galerie avec accrochage fut ouverte à 122 pieds, et il fut extrait, d'une veine paraissant orientée est-ouest et plongeant vers le nord, des schistes charbonneux brûlant bien et qu'employèrent les maréchaux du pays.

On voit encore l'emplacement de ce puits, sur la rive gauche de l'Elle, à 300 mètres du moulin Hébert; il occupe la partie moyenne d'un coteau, sur le flanc duquel des carrières profondes ont été ouvertes, pour l'entretien des chemins, dans les sables et graviers des alluvions triasiques. Au fond de l'une de ces carrières, à 25 pieds, paraît-il, des schistes charbonneux ont été trouvés; on en aurait rencontré également dans un puits foncé sur le haut du coteau et sur le bord du chemin vicinal allant de Moon à Airel. Dans cette dernière commune enfin, dit Duhamel dans le *Journal des Mines*, des affleurements de houille auraient aussi été reconnus.

L'existence du terrain houiller à Moon et à Airel est donc incontestable, bien qu'on soit fort peu renseigné sur son allure et sur les ressources qu'il peut offrir; d'après la description qu'en donne M. Héricart de Thury, on tomba à Moon sur une région particulièrement tourmentée et sur des couches fortement redressées, sur ce qu'on nommait alors « le droit de la veine. » On ne peut pas, d'ailleurs, s'en étonner en envisageant que Moon est tout près de la lisière des schistes de transition contre lesquels les couches du terrain houiller ont pu se trouver relevées.

La Compagnie de Littry, dont les affaires n'étaient

pas florissantes, lors de ces recherches, les fit bientôt suspendre, malgré l'avis du directeur Auvray, qui écrivait à leur égard que jamais il n'avait entrepris de travaux lui donnant plus d'espoir.

Il n'a été fait depuis aucune exploration sur le bassin de Moon, auquel on reviendra peut-être un jour.

Terminons maintenant cette description qui, locale d'abord, a dû porter sur chacune des régions successivement explorées de la concession, par un résumé rapide des traits les plus saillants et les plus généraux de la formation houillère de Littry.

Cette formation a pris naissance sur un sol accidenté, dont les reliefs ont été suffisamment considérables, par rapport à la puissance du terrain houiller et au niveau de la couche principale de charbon, pour amener un morcellement de ce terrain en lambeaux renfermant du combustible et en régions stériles.

Ce morcellement en bassins eût été bien moindre si la grande veine de Littry se fût déposée à un niveau un peu plus élevé; à 25 ou 30 mètres plus haut, la couche, dépassant alors les lignes de faîte des roches du sous-sol qui affleurent à peu de profondeur sur la lisière sud du golfe du Cotentin, aurait eu beaucoup plus de continuité. Il est vraisemblable qu'en s'éloignant de cette lisière, les terrains de transition devant se trouver à de plus grandes profondeurs, les accidents de la couche seront rendus moins fréquents, ainsi que cela s'est déjà vérifié sur le bassin de Fumichon.

Le porphyre, qui se montre sur bien des points de la concession de Littry, est venu augmenter le nombre des accidents de la couche, en déterminant des redressements brusques ou graduels des assises de la formation houillère et en isolant même certains lambeaux de cette formation, tels que la veine Préaux et le petit bassin de la fosse Pelcoq.

Le terrain houiller de Littry peut être divisé, au moins dans la partie qui en est connue jusqu'ici, en deux étages bien distincts séparés par la couche principale.

L'étage supérieur à cette couche présente des alternances de schistes, de grès houillers, de poudingues et quelques bancs assez rares de calcaires ; les premières assises de ce niveau paraissent alterner avec les dernières du grès rouge, ce qui rend fort délicate, en l'absence de toute discordance bien manifeste de stratification, la séparation précise du terrain houiller et des couches permiennes.

Cette partie supérieure de la formation houillère de Littry n'est pas très-puissante ; elle atteint 48 mètres au puits Noël, mais elle a fréquemment une moindre importance (1). Elle est généralement stérile ; cependant, dans l'ancien bassin, on y a exploité deux petites veines de charbon.

L'étage inférieur du terrain houiller est caractérisé, d'une part, par l'absence des calcaires ; en second lieu, par des intercalations répétées de roche

(1) On a bien rencontré 93 mètres de terrain houiller au-dessus de la veine de la fosse Floquet ; mais, la coupe précise de ce puits n'a pas été conservée, et il est d'ailleurs possible qu'on ait atteint, dans le bassin de Floquet, la couche inférieure du puits St-Georges, comme paraîtraient le témoigner la puissance réduite de cette veine, sa proximité des grauwackes de transition et l'absence des filets schisteux ou gréseux que l'on rencontre très-généralement dans la couche principale.

porphyrique altérée, et enfin par la fréquence toute particulière des bancs de poudingues. Ce niveau inférieur n'est bien connu que sur trois points de la concession de Littry, et il a présenté une puissance maximum de 139 mètres. A peu près au milieu de cet ensemble de couches de grès et de schistes houillers, se voit une petite veine ou masse charbonneuse, ne méritant guère d'être exploitée ; c'est surtout au-dessous de cette veine que les bancs de poudingues sont particulièrement fréquents.

Quant à la couche principale qui séparerait ces deux étages, elle a présenté dans l'ancien bassin plus de 2 mètres de charbon ; son épaisseur a sensiblement diminué sur le bassin Noël ; mais, dans celui de Fumichon, on retrouve la même masse de 2 mètres d'épaisseur, en réunissant à la couche principale de ce dernier bassin les petites veines rencontrées au-dessous, dans un intervalle de $4^m,50$.

Le terrain houiller n'est donc connu jusqu'à ce jour que sur une puissance totale de 139 mètres, tandis qu'au Plessis la formation houillère a été recoupée par le sondage Kind sur 300 mètres environ. Il est vrai que le sondage fait en contre-bas de la couche du bassin de Fumichon n'a pas été poussé assez profondément pour atteindre les schistes de transition, et que l'on ne connaît la puissance maximum de la partie inférieure du terrain houiller que par les forages pratiqués au fond des puits Touvais et de St-Georges.

Les recherches en profondeur sur le bassin de Fumichon sont encore incomplètes, et il est désirable qu'elles soient reprises un jour et poursuivies jusqu'aux couches paléozoïques, de façon à reconnaître la puissance maximum du terrain houiller dans cette région de la mine et voir si la partie inférieure de ce terrain ne renferme pas d'autres couches de combustible, notamment au niveau auquel, dans le sondage Kind, ont été atteints, sur une épaisseur considérable, les schistes bitumineux contenant en abondance de l'huile minérale.

La mine de Littry ne renferme qu'un très-petit nombre de débris du règne végétal, principalement localisés dans la couche de schistes qui surmonte la veine principale.

On y trouve :

Des *Annulariées*,

*Peropteris-Serlii*,

    —     *arborescens* (spécimens fructifiés),

    —     *Polymnorpha*,

*Dicopteris Brogniarti*,

*Sphenophyllum erosum*,

*Calamites Dubius*, *cruciatus*, *Suchovii*, *arenaceus*, et l'on rencontre quelquefois dans les schistes, la houille et le poudingue, des morceaux de bois silicifiés qui, autant qu'on en peut juger par les traces de leur organisation, paraissent avoir appartenu à des plantes dicotylédones.

On ne trouve dans la flore de Littry ni *Sigillaria*, ni *Lepidodendron*, plantes dont l'absence, ainsi que la rareté des *Calamites*, caractérisent le terrain houiller supérieur ; c'est à ce terrain qu'appartient la formation de Littry, ainsi qu'on devait au reste le penser en voyant une connexion si intime et les discordances de stratification si peu saillantes entre les premières assises de cette formation et les dernières couches permiennes.

On n'a guère exploré jusqu'ici que du quart au tiers de la concession de Littry, et l'on ne connaît même bien que la région est de cette concession, comprenant l'ancien bassin et le bassin Noël.

Il y est constaté, rappelons-le dans ce résumé, que la formation houillère, assez puissante sur les deux bassins en question, se relève ensuite au nord-est et tend à disparaître du côté de Saon et de Blay.

Tout autour du massif éruptif de Montmirail, on rencontre, à de plus ou moins grandes profondeurs, le porphyre ayant relevé les couches du terrain houiller et en ayant même isolé un lambeau distinct atteint par les fosses Pelcoq et des Mouettes. Ce lambeau se poursuit vers le ruisseau du Gril, et l'on en trouverait vraisemblablement le prolongement à l'est, en dehors des limites de la concession de Littry.

A l'ouest de l'ancien bassin, celui de Floquet a été jusqu'ici insuffisamment exploré et pourra être repris un jour en se portant vers le couchant où plongent les couches, car au nord le terrain houiller se relève et disparaît.

Entre le lambeau de terrain houiller de Floquet et les régions de la Rogerie et de Fumichon, aucune recherche sérieuse n'a été faite.

Il n'en est pas de même à la Rogerie, où le porphyre a tellement bouleversé le terrain houiller, qu'il y a peu d'espoir d'ouvrir sur ce point une exploitation fructueuse ; mais la couche de la Rogerie paraît être l'affleurement de celle de Fumichon, en sorte qu'il sera possible, avec de sérieuses chances de réussite, d'entreprendre un jour, entre les bassins Lance et de Fumichon, une exploitation qui rencontrera la couche de ce dernier bassin à une profondeur pouvant varier entre 100 et 140 mètres, suivant le point où l'on se placera.

Au nord de Fumichon, le terrain houiller ne peut être atteint qu'à de plus grandes profondeurs, qui ne rendront cependant pas impossible de l'exploiter dans l'avenir.

En se portant plus encore vers l'ouest de la concession, on trouve toute une vaste région s'étendant sur les communes de la Folie, St-Marcouf, Mestry, Cartigny-l'Épinay, qui est jusqu'ici l'inconnu et dans laquelle des recherches pourront être entreprises avec l'espoir de ne pas rencontrer la formation houillère à de grandes profondeurs; car on voit, sur divers points, entre la Folie et Lison, affleurer les bancs de calcaire magnésien, qui ne sont séparés de cette formation que par l'étage plus ou moins puissant du grès rouge.

Rappelons à cet égard, que, à une distance de 1,000 à 1,200 mètres seulement de la Lisière des terrains de transition, les calcaires magnésiens en question surmontent presque immédiatement le terrain houiller (comme en font foi les coupes des puits Noël, du Vieux-Presbytère, ainsi que les sondages entrepris au Pré-Binet et à la Rogerie) et n'en sont séparés que par des assises peu épaisses ce grès rouge, qui prennent au contraire du développement en se reportant vers le nord (1).

(1) Il ne faut pas oublier que le grès rouge affecte, d'une façon très-accusée, la forme d'un dépôt en biseau. Il est fort puissant dans le nord de la concession de Littry, puisque le sondage d'Engleville l'a rencontré sur 97 mètres sans le traverser entièrement ; il diminue sur les fosses de Fumichon, où il n'a plus déjà que 83 à 85 mètres ; sa puissance se réduit plus sensiblement encore sur le puits de Touvais

Cette règle de superposition rend probable, si elle ne se dément pas, la rencontre, entre Lison et Moon et à une assez faible profondeur, du prolongement du terrain houiller reconnu de 1754 à 1756 dans cette dernière commune. Si ce terrain ne s'y montre pas stérile, il serait possible d'ouvrir un jour, à peu de distance de la gare de Lison, une exploitation qui aurait pour elle l'avantage de son étroite proximité de la voie ferrée.

En plus d'un point, nous le voyons, la concession de Littry peut être ultérieurement explorée sans trop d'aléas et avec des chances réelles de succès.

## EXPLOITATION TECHNIQUE.

### Nature des charbons de Littry.

Nous n'avons que peu de choses à dire des méthodes d'exploitation suivies sur la mine de Littry et nous ne le ferons qu'en ce qui touche le bassin de Fumichon : une revue rétrospective des procédés employés à ce point de vue sur l'ancien bassin et le bassin Noël serait entièrement dépourvue d'intérêt aujourd'hui.

On recourt à Fumichon, comme dans les houillères

et le sondage du Molay, qui n'ont atteint cet étage que sur 40 à 45 mètres. Sur la fosse Noël, il n'est représenté que par des assises de 13 mètres d'épaisseur, et il disparaît enfin à peu près totalement à la fosse du Vieux-Presbytère, dans les sondages des Hauts-Vents et des Croix, ainsi que sur l'affleurement houiller qui apparaît au sud de St-Martin-de-Blagny, immédiatement au-dessous du calcaire magnésien.

du nord de la France et de Belgique qui renferment des couches minces et peu inclinées, à la méthode dite *par grandes tailles*, qui consiste, une fois le traçage fait du champ d'exploitation, à l'aide d'un réseau de voies ou galeries menées suivant la direction et la pente de la couche, à ouvrir, des deux côtés de chaque galerie, une série de tailles auxquelles on donne à Littry 12 mètres de largeur.

L'abattage s'opère, au pic ou à la poudre, au fond de chaque taille, et les mineurs remblaient au fur et à mesure, en rejetant par derrière eux les parties schisteuses provenant, soit des nerfs de la couche, soit du toit, soit de l'exhaussement du plafond de galeries jumelles ménagées pour l'enlèvement du charbon et la circulation de l'air des deux côtés de la taille ; à l'avancement du chantier d'abattage, des étais ou chandelles maintiennent le toit et empêchent tout affaissement ; des cadres plus ou moins répétés assurent, en outre, la solidité des galeries latérales de chaque taille.

Généralement, celles-ci sont conduites suivant l'amont-pendage de la veine, de façon à ce que l'enlèvement du charbon du fond de la taille soit facilité par la pente de la couche. Au pied des galeries latérales de chaque chantier, des wagons ou bennes reçoivent le charbon qui en est extrait et, circulant sur tout un réseau de chemins de fer, sont amenés jusqu'aux puits par les chercheurs.

On n'emploie pas de cages guidées sur les fosses de Fumichon, et les bennes sont simplement accrochées à l'extrémité de câbles plats en chanvre ou en aloès et ramenées au jour à l'aide de puissantes machines à vapeur que l'on emploie successivement à l'extraction et à l'épuisement. Cette dernière opération se fait au moyen de bennes à eau qui viennent se remplir dans le puisard de chacune des fosses et qui sont conduites au jour comme les bennes à charbon.

Les deux puits de Fumichon sont entièrement cuvelés sur toute leur hauteur. Le cuvelage est de forme octogone et en cœur de chêne ; il arrête bien les eaux ; au reste, un cuvelage aussi soigné et aussi efficace est indispensable pour la traversée des couches aquifères ou ébouleuses et glissantes qu'on rencontre principalement dans les assises triasiques, mais aussi dans le grès rouge et le terrain houiller. Il n'est établi sur chaque fosse qu'un seul compartiment latéral dans lequel sont installées les échelles pour la descente des ouvriers.

L'aérage s'opère par les deux puits ; l'un sert à l'entrée de l'air frais que l'on fait circuler, par le jeu de portes multipliées, dans les quatre kilomètres de galeries entretenues que renferme le bassin de Fumichon et jusqu'au front de chaque taille, à l'aide des deux galeries latérales qui la desservent et d'une porte intermédiaire placée sur la voie de roulage ; l'air vicié, plus chaud et plus léger, se rend ensuite dans l'autre fosse et s'élève naturellement jusqu'à la surface. En attaquant un nouveau massif, on mène toujours, comme pour les tailles, deux voies jumelles, l'une servant à l'entrée, l'autre au retour de l'air ; ce n'est que dans les travaux de reconnaissance qu'une seule galerie est ouverte, et alors l'aérage se fait par diffusion, tant que son développement n'est pas trop considérable, ou à l'aide de conduites en bois quand elle devient plus longue. Au reste, le grisou, dont l'existence n'avait jamais été signalée dans les anciennes exploitations, a toujours été fort peu abondant dans les travaux du bassin de Fumichon et n'a déterminé que de rares accidents, généralement dus à l'imprudence des travailleurs, soit qu'ils allassent inutilement dans des parties abandonnées de la mine, soit qu'ils démontassent les lampes de sûreté dont l'usage leur est rendu obligatoire.

Le prix de revient du charbon de Littry est assez élevé actuellement, ce qui tient à trois causes : production restreinte et partant frais généraux élevés; élévation de 20 % au moins des salaires des ouvriers à la suite de menaces de grèves; introduction du lavage des menus qui, tout en améliorant la production comme qualité, en a réduit le tonnage de tout le poids des parties schisteuses enlevées par le lavage.

Ce prix de revient oscille entre 1 fr. 50 et 1 fr. 55 le quintal métrique, et les frais généraux entrent dans ce chiffre pour 20 à 22 % environ (1). On ne peut pas établir de prix de revient distinct pour les diverses qualités de charbons que produit la mine de Littry, bien qu'ils se vendent à des prix assez différents.

La houille actuellement extraite du bassin de Fumichon appartient au type des houilles grasses à longue flamme, suivant la classification établie dans

(1) La production de la mine de Littry venant seulement à doubler, il en résulterait un abaissement de 0 fr. 15 à 0 fr. 16 par quintal métrique ou 1 fr. 50 à 1 fr. 60 par tonne, en raison de la diminution des frais généraux.

un récent mémoire (1) par M. Gruner, inspecteur général des mines. Elle renferme une proportion de matières schisteuses et donne en conséquence une quantité de cendres très-variable, suivant les parties de la couche dont elle provient.

Ainsi, tandis que dans le sillon de la houille maréchale, on peut arriver à un minimum de cendres de 3,2 %, dans le sillon supérieur du charbon à chaux, la proportion des parties stériles s'élève à 17 %, et dans l'escaille schisteuse ou maigrage, elle atteint jusqu'à 49,6 %.

L'intercalation plus ou moins fréquente de nerfs de schistes dans la veine, leur enlèvement plus ou moins complet par le triage et par l'épluchage peuvent donc faire varier la proportion des matières stériles, des cendres des charbons de Littry dans d'assez larges limites.

Deux analyses, faites sur le tout-venant de Fumichon, *non lavé*, ont donné les résultats suivants :

| | | | |
|---|---|---|---|
| Matières volatiles. | 30,6 | | 28,3 |
| Carbone fixe. | 51,0 | | 52,1 |
| Cendres | 18,4 | | 19,6 |
| Totaux. | 100,0 | | 100,0 |
| Soufre | | 3,6 millièmes. | |

(1) Dans un mémoire sur le pouvoir calorifique et la classification des houilles, publié dans la 5e livraison des *Annales des mines* de 1873, M. l'inspecteur général Gruner résume, comme il suit, les propriétés caractéristiques des houilles grasses à longue flamme :

Pour 100 de houille pure, Proportion de carbone fixe ou de coke 60 à 68 (les cendres défalquées). Proportion de matières volatiles. . . 40 à 32

Pouvoir calorifique réel de la houille pure. 8,500 à 8,800 calories.

Pouvoir calorifique industriel, 7 kilog. 60 à 8 kilog. 30 d'eau à 0°, vaporisée à 112° par kilogramme de houille pure.

Quant au charbon de forge *non lavé* ni épluché, il présente en moyenne la composition ci-après :

        Matières volatiles. . . . . . .    32,2
        Carbone fixe. . . . . . . . .    56,8
        Cendres . . . . . . . . . . .    11,»

                        Total. . . . .    100,0

        Soufre . . . . . . . .    2,9 millièmes.

Comme ces analyses le montrent, la teneur en cendres des charbons de Littry est considérable ; diminuant leur puissance calorifique et, par suite, leur valeur commerciale, elle avait cet autre inconvénient de leur interdire, malgré des qualités toutes spéciales résidant dans les proportions de carbone fixe et de matières volatiles qu'ils renferment, certains emplois industriels, tels que la fabrication du gaz d'éclairage et celle des agglomérés, pour lesquels l'industrie a besoin de combustibles relativement purs.

En face de cette situation, la compagnie de Littry a introduit, il y a dix ans, le lavage des menus qui a pris depuis une grande extension.

Les bons résultats de cette opération ressortent avec évidence des deux analyses ci-après, faites au Laboratoire du service des mines, à Caen, peu de temps après la mise en pratique du lavage.

|  | Tout venant *lavé*. | Menus de forge *lavés*. |
|---|---|---|
| Matières volatiles . . | 32,1 | 35,» |
| Carbone fixe. . . . | 62,1 | 59,7 |
| Cendres . . . . . | 5,8 | 5,3 |
| Totaux. . . . | 100,0 | 100,0 |

Ainsi, le lavage enlève au tout venant des deux tiers aux trois quarts de ses cendres et aux menus de forge un peu plus de la moitié. Le soufre, provenant des pyrites surtout adhérentes aux schistes, diminue en même temps dans une égale proportion.

Cette opération a fait des menus de Littry des charbons excellents pour la forge et pour la production du gaz d'éclairage ; ils pourraient également être introduits dans la fabrication des briquettes, en y apportant cet avantage de nécessiter, en raison de leur qualité de charbons collants, une moindre proportion de brai que n'en réclament les menus anthraciteux du pays de Galles, généralement employés dans les usines d'agglomérés du littoral de la Manche. En tout cas, leur association avec ces menus anthraciteux ne pourrait être qu'avantageuse.

A la suite d'une fourniture prolongée, faite par la concession de Littry à la Compagnie d'éclairage de la ville de Paris, les menus lavés de cette mine ont pris rang parmi les bons charbons à gaz, et leur emploi a acquis un tel développement que la mine de Littry ne peut aujourd'hui satisfaire à toutes les demandes qui l'assiégent et est obligée de réserver ses charbons aux usines situées dans un rayon restreint et dont la clientèle lui est en tout temps assurée ; cependant, les menus lavés de Fumichon alimentent actuellement les fabriques de Versailles et du Mans, avec lesquelles des marchés ont été passés depuis un certain temps.

Ces menus donnent un gaz présentant un pouvoir éclairant qui dépasse de 6 à 7 % le titre exigé à Paris ; là est leur grande supériorité, car elle permet de les associer à des charbons moins convenables à ce point de vue et de satisfaire à meilleur compte à l'obligation contractée par nombre d'usines de fournir un gaz d'un pouvoir éclairant déterminé.

À côté de cette supériorité particulière, les charbons de Littry donnent un coke plus dense, moins boursouflé et un peu moins avantageux que le coke provenant des charbons à gaz anglais et belges pour les ventes s'opérant à la mesure, c'est-à-dire au volume; il n'en serait pas de même pour des ventes au poids. Peut-être, les cokes lourds et durs de Littry pourront-ils, comme certains cokes belges, trouver un jour des débouchés spéciaux dans les emplois métallurgiques.

L'hectolitre ras de menu lavé à gaz de Littry pèse 74 kilog.; l'hectolitre comble pèse de 86 à 88 kilog., produit 1 hectol. 20 à 1 hectol. 30 de coke et 22 mètres cubes environ de gaz; il se vend, à l'heure où nous écrivons, de 22 à 23 fr. rendu sur wagon à la gare du Molay-Littry, qui dessert le bassin de Fumichon.

Quant au charbon tout venant de ce bassin, séparé du menu par le criblage, il présente toujours une proportion de schistes assez considérable, qu'on peut cependant réduire sensiblement par un triage soigné dans la mine et sur le carreau des puits.

Cette proportion de matières stériles n'est pas nuisible pour la consommation chaufournière, à laquelle les tout venants et criblures de Fumichon sont depuis longtemps employés, et qui s'est beaucoup développée dans le Bessin et le Cotentin. Elle diminue, toutefois, le pouvoir calorifique des charbons de Littry et en déprécie, conséquemment, la valeur dans une certaine mesure.

Ces charbons ont été récemment expérimentés pour le chauffage des chaudières à vapeur dans l'une des plus importantes usines de Caen, dans la fabrique d'huile de M. Ch. Paulmier, président de la Chambre de commerce de cette ville ; il a été constaté par cet essai industriel :

1° Que la houille de Littry brûle bien, mais qu'elle est fumeuse et ne pourrait être employée dans l'intérieur des villes qu'à la condition d'adapter aux foyers des chaudières des appareils fumivores ;

2° Que la présence des schistes oblige à nettoyer la grille de deux en deux heures, et que ces charbons réclament des soins plus assidus du chauffeur ;

3° Qu'employée isolément, la catégorie des charbons de Littry, dite *criblure* ou *gailleterie*, est moins avantageuse pour la production de la vapeur que le *gailletin* de Cardiff ; mais qu'un mélange, par parties égales, de ces deux charbons peut-être brûlé sans fumivore, ne comporte pas des nettoyages de la grille plus fréquents que de coutume et est d'un emploi, à peu de chose près, aussi avantageux que celui du charbon anglais.

Ces essais ont été faits en mai 1873, alors que la gailleterie de Fumichon coûtait, en gare du Molay-Littry, 25 fr. la tonne rendue sur wagon et 27 fr. 50 à Caen, et que le gailletin de Cardiff revenait à 36 fr. à l'usine.

Dans deux opérations comparatives, on employa, pour marcher pendant le même temps et produire une égale quantité de vapeur :

1° 1,500 kilog. du mélange de charbon de Littry et de Cardiff, coûtant 31 fr. 75 la tonne, soit.   47 fr. 63

2° 1,300 kilog. de gailletin de Cardiff à 36 fr. . . . . . . . . . . . . . . . . . . .   46   80

Différence. . . . .   0 fr. 83

Avec les résultats de cet essai industriel et les fluctuations de prix, tant des charbons anglais que de ceux de la mine de Littry, on peut, à quelque moment que ce soit, établir s'il y aurait ou non avantage à associer les houilles du Calvados, pour le chauffage des chaudières à vapeur, aux gailletins anthraciteux du pays de Galles. Tout dépend de l'écart de prix que présenteront entre eux ces deux combustibles, et un calcul algébrique des plus simples, basé sur les résultats que nous venons de faire connaître, montre que, dès que cet écart atteindra ou dépassera 26,7 % du prix des gailletins anglais, il y aura profit à recourir au mélange en question.

Depuis le commencement de la crise déterminée par le renchérissement des charbons, les demandes ont afflué de toutes parts sur la mine de Littry. Malheureusement, cette entreprise, à la prospérité de laquelle la concurrence des houilles anglaises avait porté, depuis l'ouverture du bassin de Fumichon, une telle atteinte qu'elle avait dû restreindre de plus en plus ses moyens de production, renoncer aux travaux coûteux d'exploration qu'elle avait tant multipliés dans le passé, et réduire son personnel d'ouvriers, ne se trouva pas en état de répondre aux demandes de la nouvelle clientèle qui lui arrivait et de profiter même, dans une large mesure, de la hausse qui se produisait.

C'est que, du jour au lendemain, l'on n'ouvre pas de nouveaux puits, on ne prépare pas de nouveaux champs d'exploitation, et surtout on ne forme pas des ouvriers au travail spécial des mines ; il n'y a pas là d'improvisation possible : c'est une œuvre de longue haleine à laquelle la Compagnie de Littry doit aujourd'hui appliquer ses vues et consacrer ses efforts.

Elle peut le faire avec confiance dans l'avenir ; car la crise houillère finie (si elle prend fin), on est assuré de ne plus revoir les houilles anglaises aux prix de 1860 à 1870 , à ces cours qui , pesant sur ceux des charbons de Basse-Normandie, mettaient la mine de Littry dans la nécessité de vendre ses produits à des prix non rémunérateurs. Il restera de la crise actuelle, personne n'en disconvient, une hausse permanente, notable et susceptible de laisser aux charbons de cette concession une marge de bénéfices raisonnables.

Par l'amélioration de ses produits, grâce au lavage des menus, la mine de Littry était déjà parvenue à étendre le cercle de ses débouchés, à relever le cours de ses charbons, à regagner d'un côté ce que la désertion de la clientèle chaufournière lui faisait perdre de l'autre , enfin à améliorer sensiblement sa situation. Une hausse durable aidant, cette entreprise peut revoir les jours prospères des cinquante premières années de ce siècle ; elle les reverra assurément si les propriétaires de cette mine , reprenant leurs travaux d'exploration sur les milliers d'hectares de la concession qui n'ont pas encore été fouillés , s'attachent surtout, comme le leur conseille leur intérêt bien entendu , à découvrir et à exploiter de nouvelles richesses houillères dans une étroite proximité du chemin de fer de Paris à Cherbourg.

C'est là un point dont la situation même de la mine de Littry atteste l'importance capitale. Malgré la concurrence des houilles anglaises, malgré la qualité inférieure des charbons que , dans les derniers temps, on tirait de l'ancien bassin, bien qu'on n'eût pas encore songé à les améliorer par le lavage, cette entreprise réalisait des bénéfices, était même florissante, alors que l'exploitation avait son siége à Littry, au centre de la clientèle chaufournière et à proximité de la gare du Molay-Littry. L'exploitation se portant ensuite à Fumichon, à près de six kilomètres de cette gare (il y en a même huit par la route), les charbons de la mine ont subi du même coup, en raison du transport par voie de terre des fosses de Fumichon à la gare du Molay-Littry, une aggravation de prix de revient, une charge de 3 fr. environ par tonne, laquelle a été la cause originaire et presque la cause unique de la situation critique de la mine de Littry. Elle s'est vue contrainte de dévorer dans ces transports onéreux le plus clair de ses bénéfices, cette somme de 3 fr. par tonne que bien des mines n'obtiennent pas comme écart entre le prix de vente et le prix de revient, et elle en était à peine arrivée, à la veille de la hausse, à joindre les deux bouts comme on dit vulgairement.

La nécessité s'impose donc, l'exemple du passé le démontre péremptoirement, de rechercher principalement la houille sur la concession de Littry, dans une zone voisine de la voie ferrée qui la traverse, et d'établir, entre cette voie et les nouveaux puits qui pourront être ouverts, des procédés de transport par plans inclinés, tramways ou chemins de fer plus économiques que le roulage actuel qui n'est plus de notre époque et stérilise une entreprise alors que des transports à bon marché en assureraient la prospérité.

# CHAPITRE IV.

## DE LA CONTINUITÉ DU TERRAIN HOUILLER ENTRE LES MINES DU PLESSIS ET DE LITTRY.

Y a-t-il continuité de la formation houillère entre les concessions du Plessis et de Littry ? Telle est l'importante question que nous nous proposons d'examiner dans ce dernier chapitre et qui se présente comme la conclusion de notre étude.

Bien que la jonction souterraine des deux bassins houillers de Basse-Normandie n'ait pas encore été matériellement démontrée ( ce travail serait sans objet si une semblable démonstration avait été faite), elle nous paraît offrir les plus grandes probabilités, et, il y a plus de trente ans, la même conviction était partagée par feu M. l'ingénieur en chef Hérault, alors qu'il déterminait l'Administration à entreprendre, à Mestry et à St-Jean-de-Daye, deux sondages sur lesquels nous aurons bientôt à revenir.

Les motifs qui doivent faire envisager cette jonction comme fort probable sont tirés de trois ordres de considérations différents : — Constitution particulière de la dépression des terrains de transition dans laquelle s'est déposée la formation houillère. — Étude spéciale de cette formation sur les deux bassins du Plessis et de Littry. — Connexion intime du terrain houiller avec les assises permiennes et triasiques que l'on retrouve dans toute l'étendue du golfe du Cotentin.

Sur la lisière sud de la dépression dans laquelle a pris naissance la formation houillère, on ne rencontre, depuis Mobecq aux portes de la Haye-du-Puits jusqu'à Périers, St-Lo et Littry, que les couches les plus inférieures des terrains de transition, ces schistes et grauwackes qui constituent partout un sol accidenté dont les points les plus élevés et les plus bas se maintiennent avec une grande régularité sur tout le pourtour du golfe entre les cotes de 50 et de 120 mètres ; nulle part, dans la région qui nous occupe, on ne voit ces assises cambriennes se relever brusquement à de plus hautes altitudes.

N'y a-t-il pas lieu de penser que, dans le fond du golfe du Cotentin, entre les mines du Plessis et de Littry, les mêmes couches offrent la même allure, et que les grauwakes, que l'on a à peine atteintes à 380 mètres de profondeur dans le sondage Kind, sur la concession du Plessis, que l'on n'a pas rencontrées dans le bassin de Fumichon, exploré jusqu'à 280 mètres au-dessous de la surface, se maintiennent dans la partie centrale du golfe à des profondeurs pouvant varier entre 350 et 450 mètres, mais en se relevant peu à peu vers la lisière de la dépression, ainsi qu'on l'a constaté par les puits de Floquet, des Landes et de St-Georges.

Or, pour qu'il n'y eût pas jonction entre les formations houillères du Plessis et de Littry, il faudrait, au contraire, que, dans l'intervalle entre ces deux concessions, le fond du golfe du Cotentin présentât un bombement des plus accentués et d'une importance comparable à l'épaisseur connue du terrain houiller (189 mètres sur la mine de Littry et 300 mètres sur celle du Plessis). Un semblable relèvement isolerait, en effet, les deux bassins du Calvados et de la Manche ; mais, comment supposer qu'il ait eu lieu sans laisser de traces dans l'intérieur ni sur la ceinture du golfe ; comment admettre même qu'il ait pu se produire, quand on voit partout les couches cambriennes, bien que tourmentées, ne pas présenter des différences de niveau de plus de 60 à 70 mètres.

L'hypothèse d'un bombement local entre les concessions de Littry et du Plessis, d'un accident géologique dont on n'aurait pas d'autre exemple dans la région des terrains de transition inférieurs de la Basse-Normandie, est donc inadmissible ; la dépression que présentait le golfe du Cotentin, de Littry au Plessis, était continue, régulière et partant, la formation houillère a dû venir niveler avec ses puissantes assises déposées horizontalement tout le fond accidenté du golfe, entre Littry et le Plessis.

Postérieurement à ce dépôt régulier, des accidents locaux, tels que ceux que nous avons signalés comme ayant été déterminés par l'apparition du porphyre, ont bien pu morceler cette formation, d'abord continue, en lambeaux distincts, amener des érosions partielles du terrain houiller qui a fourni de nombreux matériaux aux dépôts plus récents ; mais il n'en demeure pas moins infiniment probable que la formation houillère s'est d'abord déposée sans discontinuité entre les deux points extrêmes sur lesquels elle a été reconnue.

Ces probabilités s'affirment encore si l'on vient à

étudier la distribution géographique du terrain houiller sur le bassin de Littry et à établir des rapprochements entre ce bassin et celui du Plessis.

Sur la concession de Littry, la formation houillère a été reconnue, d'une façon presque continue, depuis le ruisseau du Gril, à la limite est de la concession, jusqu'à la Rogerie et à Fumichon, soit sur un intervalle de 7 kilomètres au moins. Les explorations présentent ensuite une lacune considérable; mais on retrouve encore le terrain houiller, à 18 kilomètres des affleurements de l'est, à Moon et à Airel.

Bien que situées sur la concession de Littry, ces deux localités sont presque à égale distance du Plessis et des affleurements du ruisseau du Gril; car 23 kilomètres seulement séparent Airel de l'emplacement du sondage Kind; aussi, la découverte du terrain houiller à Moon, bien qu'il n'en ait pas été tiré un parti utile jusqu'ici, n'en a pas moins un intérêt capital, en ce qu'elle établit une sorte de jalon intermédiaire dans les couches houillères signalées et exploitées sur des points séparés par un intervalle de près de 40 kilomètres.

On peut même reconnaître encore, entre les deux bassins de Basse-Normandie, des rapprochements plus intimes, amenant à conclure qu'ils doivent faire partie d'une formation unique.

La seule coupe que l'on ait du terrain houiller du Plessis est celle du sondage Kind; il est intéressant de la comparer avec les données infiniment plus précises que l'on possède sur le bassin de Littry.

Le sondage Kind a rencontré à trois reprises, à $184^m,50$, $209^m,60$ et à $242^m,91$, des schistes charbonneux renfermant des veines de houille plus ou moins épaisses, et la troisième traversée de schistes avec charbon a été précédée et suivie de la rencontre de masses puissantes de conglomérats ou de poudingues à galets siluriens. N'y a-t-il pas là une grande analogie avec ce que nous trouvons à Littry et ne peut-on pas envisager :

1° La veine supérieure du sondage Kind, qui est le prolongement de la première couche du bassin du Plessis, comme représentant la petite veine atteinte par le puits Ste-Barbe, à 27 mètres au-dessus de la masse principale de houille ;

2° La veine intermédiaire du même forage constituant la grande couche inférieure du Plessis comme l'équivalent de la couche principale de l'ancienne exploitation de Littry ;

3° La veine inférieure du sondage Kind, qui ne correspond à aucune couche du bassin du Plessis comme représentant la veine reconnue par le puits de St-Georges et sur le bassin de Fumichon, à 64 et à 43 mètres au-dessous de la couche exploitée dans la concession de Littry. Sur les deux mines, cette même veine inférieure serait caractérisée par son association à de puissantes assises de conglomérats ou de poudingues que nous avons tant de fois signalés.

Un semblable rapprochement entre les couches des concessions de Littry et du Plessis, qu'on ne peut présenter qu'avec une certaine réserve, en envisageant qu'il s'agit de points distants de près de 40 kilomètres, et que, sur un intervalle aussi grand, les couches houillères ont pu ne pas se déposer avec une régularité absolue, amènerait à conclure qu'à 100 mètres environ en contre-bas de la veine inférieure du bassin de Fumichon, et conséquemment à 350 mètres au-dessous de la surface, il y aurait de certaines chances de rencontrer le niveau des schistes bitumineux, atteints presque à la même profondeur par le sondage Kind.

Outre ces points de rapprochement, on a constaté les mêmes intercalations de roche porphyrique décomposée dans les deux bassins du Calvados et de la Manche, et il a été extrait de tous deux une houille grasse à longue flamme ayant, à très-peu de chose près, la même composition chimique, généralement pyriteuse et trop fréquemment associée à des schistes en proportion élevée.

Enfin, dans le bassin de Fumichon, les couches offrent leur pendage au nord-nord-ouest, tandis qu'au Plessis, la pente la plus générale est à l'est, en sorte que, sur ces deux mines, les couches paraissent plonger vers un même point qui serait situé entre Isigny et Carentan. Un sondage, entrepris dans l'intervalle de ces deux localités, atteindrait vraisemblablement le terrain houiller dans la région où il présente sa profondeur maximum.

La connexion intime du terrain houiller avec les assises permiennes et triasiques vient encore à l'appui de la thèse de la jonction souterraine des deux bassins de Littry et du Plessis. Le sondage Kind montre, ainsi que nombre de coupes de puits et de forages entrepris sur la concession de Littry, ces intercalations fréquentes de grès rouges dans les premières assises de la formation houillère, qui rendent si difficile la séparation précise de cette formation et des couches permiennes.

A ces dernières succèdent, sans discordance de

stratification, les différents étages du trias que l'on retrouve sur toute la ceinture du golfe du Cotentin, depuis Valognes jusqu'à Périers au sud et à Littry à l'est, en sorte qu'on peut admettre que, dans tous les points où le golfe offrait d'assez grandes profondeurs, les couches permiennes doivent se retrouver régulièrement sous les grès, les argiles et les marnes du trias, et que le terrain houiller lui-même doit être rencontré ensuite, alternant avec les dernières assises du grès rouge.

La continuité de la formation houillère, entre les mines du Plessis et de Littry, paraît donc s'affirmer aux divers points de vue qui viennent d'être envisagés comme une hypothèse des plus probables, comme un fait démontré géologiquement, sinon matériellement.

Partageant cette conviction, M. l'ingénieur en chef Hérault détermina, en 1840, l'Administration à faire entreprendre, à ses frais, deux sondages qui n'ont malheureusement pas pu être poussés assez profondément pour résoudre la question de la jonction des deux bassins houillers du Calvados et de la Manche.

L'un de ces sondages fut entrepris à Mestry, au lieu dit « la ferme Émery » ( V. la pl. I ), en un point qui, à cette époque, était en dehors de la concession de Littry, dont l'extension de périmètre vers le nord ne date que de 1853. Ce sondage fut donné à l'entreprise à la mine de Littry, qui possédait un équipage de sonde et se trouvait fort intéressée à son exécution. Celle-ci fut bien menée ; toutefois, à la suite d'éboulements et de ruptures de tiges qu'on ne put sortir du trou de sonde, on fut forcé d'abandonner ce forage à 173$^m$,98 de profondeur , et après y avoir dépensé une somme de 8,263 fr.

La coupe de ce sondage figure à l'annexe n° 9 ; elle diffère très-peu de celle des 170 premiers mètres du forage d'Engleville ( annexe n° 17 ). Ces deux recherches ont atteint d'abord le conglomérat calcaire du trias , puis les grès rouges, les poudingues et les schistes, avec quelques bancs calcaires, de l'étage du grès bigarré ; enfin les calcaires magnésiens associés à des schistes et grès rouges du terrain permien. Cette dernière série de couches s'est présentée dans le sondage de Mestry sur 28$^m$,85 d'épaisseur, entre les profondeurs de 145$^m$,13 et 173$^m$,98 ; dans celui d'Engleville , on avait rencontré la même série sur 32$^m$,05 , entre les profondeurs de 136$^m$,11 et de 168$^m$,16.

L'analogie des coupes de ces deux forages n'a rien qui puisse surprendre ; car ils sont à 2 kilomètres à peine l'un de l'autre et alignés suivant une direction est-ouest, qui diffère très-peu de celle des couches triasiques , permiennes et du terrain houiller. Ces deux sondages devaient donc rencontrer le niveau des calcaires avec schistes à poissons à la même profondeur, à très-peu de chose près, ce que constatent, au reste , les chiffres que nous venons d'indiquer.

Maintenant que l'on connaît le résultat du sondage fait à Engleville de 1848 à 1850 , on doit moins regretter l'insuccès du forage de Mestry. Sans les accidents qui se sont produits , on fut entré dans la masse puissante des couches du grès rouge et on ne les aurait pas pu dépasser ; car les instructions de l'Administration assignaient 200 mètres comme maximum de la profondeur à donner au forage.

Le second sondage, entrepris à la même époque aux frais de l'État, fut ouvert à St-Jean-de-Daye et son exécution fut confiée à la Compagnie du Plessis, qui possédait l'équipage de sonde nécessaire. Ce forage, placé au pied du mont Oger, atteignit seulement 154$^m$,40 de profondeur ; il fut suspendu en 1842, des difficultés s'étant élevées, au sujet du tubage, entre l'entrepreneur et l'Administration, et finalement, on l'abandonna, en 1843, à la suite de la liquidation de la société Fantet qui en avait l'entreprise, après y avoir dépensé une somme de 4,500 fr.

L'entrepreneur n'a pas fourni la coupe précise du sondage ; on sait seulement qu'il rencontra très-uniformément, depuis la surface jusqu'à 153 mètres de profondeur, des alternances répétées de schistes argileux rouges ou bleuâtres, de marnes et de grès bigarrés plus ou moins durs ; les poudingues, pour lesquels une surélévation de prix avait été stipulée à Mestry comme à St-Jean-de-Daye, ne furent pas atteints dans ce dernier forage, ce qui explique la faible dépense qu'il a nécessitée. Entre 153 et 154 mètres seulement de profondeur, on traversa un banc de calcaire très-dur, annonçant fort vraisemblablement les premières assises permiennes qui, à Engleville et à Mestry, se montrent un peu avant, à 136 et à 145 mètres au-dessous de la surface.

Les mêmes calcaires magnésiens affleurant, ainsi que nous l'avons déjà indiqué, au pont de la Hoderie, entre la gare et l'église de Lison, les coupes des sondages de Mestry et de St-Jean-de-Daye établissent que ces bancs calcaires plongent tant au Nord-Est qu'à l'Ouest. La ligne de plus grande pente de ces couches est donc dans l'intervalle entre ces deux directions, soit vers le N.-N.-O. suivant lequel a également lieu le pendage des assises du terrain houiller sur le bassin de Fumichon.

L'emplacement du sondage de St-Jean-de-Daye était des mieux choisis ; cependant, la recherche qui y a été faite n'aurait vraisemblablement pas pu aboutir parce qu'il avait été donné au trou de sonde, en égard aux profondeurs qu'il s'agissait d'atteindre, un diamètre beaucoup trop faible ($0^m,07$) pour opérer par la suite le tubage de façon à empêcher les éboulements déterminés par la friction des tiges contre les parois du trou de sonde.

A côté des travaux entrepris par l'Administration pour établir la jonction des bassins de Littry et du Plessis, nous devons citer un sondage exécuté en 1860 à Méautis par la société « la Normandie » qui se proposait d'étendre le cercle de ses opérations sur les communes de Carentan, Auvers, St-Eny, St-Georges-de-Bohon et Périers. Ce sondage n'atteignit que 112 mètres de profondeur et il traversa sur toute sa hauteur les schistes, marnes et grès du trias. La rencontre d'un banc assez dur de poudingue à cette profondeur est l'obstacle, cependant peu sérieux, qui mit fin à cette entreprise.

La démonstration matérielle de la continuité du terrain houiller entre les concessions de Littry et du Plessis est donc encore à faire, car les trois forages que nous venons de relater ont, par leur défaut d'approfondissement, laissé la question à peu près entière.

Elle ne pourra se trouver résolue qu'à l'aide d'un sondage susceptible d'atteindre des profondeurs de

350 à 450 mètres environ (1); il faudra donner à ce forage un assez fort diamètre de façon à le tuber entièrement ou à pouvoir y introduire des colonnes perdues de tubes pour la traversée des schistes argileux et des marnes qui, en se gonflant, obstrueraient le trou de sonde.

Un forage de cette importance bien placé, bien outillé et bien conduit, a les plus grandes chances de rencontrer les assises de la formation houillère entre les concessions de Littry et du Plessis.

Mais, que vaudra le terrain houiller dans cette région qui échappe encore à nos investigations? Les couches de combustible y seront-elles riches et abondantes ou minces et d'une exploitation peu avantageuse? Quelle sera la qualité du charbon qu'on en pourra extraire? Ce sont autant de questions auxquelles il est de toute impossibilité de répondre et à l'égard desquelles on ne peut se livrer actuellement qu'à de simples conjectures.

Il est possible que, dans la région centrale du golfe du Cotentin, le terrain houiller prenne plus de puissance et de régularité et renferme, aux quatre niveaux qu'a fait connaître le sondage Kind, des couches plus épaisses, d'un combustible plus pur et

(1) A titre de renseignement sur le prix auquel pourrait se faire une semblable opération, eu égard à la nature des terrains traversés, nous croyons utile de faire connaître la dépense qu'a entraînée l'un des plus importants sondages entrepris sur la concession de Littry. Le sondage de Fumichon, profond de 258 mètres, non tubé et d'un diamètre de 0$^m$,17, a coûté 16,000 francs à la Compagnie de Littry. Il a été fait de 1842 à 1844; depuis cette époque, la main-d'œuvre s'est élevée de 30 °/₀ environ, en sorte qu'aujourd'hui un semblable forage ne coûterait guère moins de 21,000 francs.

de meilleure qualité que dans la zone des affleurements de Littry et du Plessis ; il est également possible que le morcellement en bassins exploitables et
en parties stériles, que nous avons signalé comme un
des traits de la formation de Littry , se retrouve , à
un moindre degré peut-être , en raison de l'éloignement des terrains de transition , dans cette région
encore inconnue de la formation houillère.

La loi de continuité , que nous nous sommes attaché à établir dans cette formation, ne s'applique pas
absolument à chacun des niveaux de combustible qui
ont été signalés au Plessis et à Littry , et il se peut
que , tandis que tel sondage heureux rencontrera
des couches abondantes et épaisses, tel autre vienne
à tomber sur une région stérile ou sur de simples
brouillages de couches qui ne devront pas toujours
décourager les explorateurs.

On ne le peut mieux prouver qu'en rappelant une
remarque qui fut faite à l'occasion de la découverte
du bassin de Fumichon. Si l'on avait reporté, à cent
mètres à l'est de l'emplacement choisi, le sondage à
l'aide duquel fut opérée la reconnaissance de ce
bassin, on serait tombé sur la faille que nous avons
précédemment signalée et on en aurait probablement
induit, bien à tort cependant , que le terrain houiller
était stérile dans cette région de la mine de Littry.

Les explorations à faire entre les concessions de
Littry et du Plessis offriront donc, nous ne devons
pas le dissimuler, de certains aléas au point de vue
de la richesse du terrain houiller dans cette région.
On se prémunira contre ces chances bonnes ou mau-
vaises en multipliant , autant que possible, les sondages , et d'ailleurs , ce côté aléatoire des recherches

ne saurait y faire renoncer, quand on envisage que, dans un département voisin, on songe en ce moment à entreprendre des sondages de 700 à 1,000 mètres, sur cette seule donnée que c'est à ces profondeurs qu'il y aurait chance de rencontrer le terrain houiller, s'il se prolonge du Boulonais et des départements du Nord et du Pas-de-Calais, jusque dans celui de la Seine-Inférieure.

Des recherches dans le Cotentin n'ont ni à atteindre de semblables profondeurs, ni à courir de tels risques, puisque la rencontre du terrain houiller est entourée, nous croyons l'avoir démontré, des plus grandes probabilités ; elles doivent donc prendre le pas sur d'autres entreprises du même genre, plus grandioses peut-être, mais assurément plus hasardeuses.

Dans les pages qui précèdent, nous avons particulièrement cherché à établir qu'il doit y avoir continuité de la formation houillère entre les concessions de Littry et du Plessis ; mais, ce n'est pas seulement à l'intervalle qui sépare ces deux mines que doit se borner l'extension du terrain houiller et il est fort possible qu'on le retrouve en nombre d'autres points du golfe du Cotentin, notamment au nord des concessions du Plessis et de Littry ainsi qu'à l'est de cette dernière, à la suite des affleurements du ruisseau du Gril.

Cependant, dans la région septentrionale du golfe, l'existence du terrain houiller est plus problématique qu'au sud de Carentan, par cette raison qu'entre St-Sauveur-le-Vicomte, Valognes et Quineville, la dépression dans laquelle auraient pu se déposer les couches houillères est beaucoup moins profonde qu'entre Littry et le Plessis. On voit émerger, de distance en distance , depuis Magneville jusqu'à la mer, au milieu des couches triasiques qui ne doivent constituer qu'un manteau assez mince au-dessus des assises des terrains de transition , des pitons isolés de grès siluriens et même une chaîne importante des mêmes grès entre Montebourg et Quinéville. Ces témoins attestent qu'il ne faut pas aller à une grande profondeur pour retrouver le fond du golfe au-dessous de la nappe triasique ou des couches plus récentes comme l'a prouvé au reste une petite recherche faite, il y a plusieurs années , à Huberville , près de Valognes , dans l'une des carrières ouvertes sur les bancs de l'infrà-lias. On rencontra immédiatement au-dessous des calcaires de ce niveau , la suite de l'étage ampélitique de Lestre , sans même traverser le trias auquel les couches infraliasiques sont simplement adossées , ni le terrain houiller qui paraît ainsi manquer sur le revers nord de la chaîne de grès de Montebourg.

Ces remarques sur le peu de profondeur du golfe du Cotentin ne s'appliqueraient pas seulement , pensons-nous , à la zone la plus septentrionale dans laquelle on voit surgir des pointements de grès siluriens. Sur toute la région s'étendant au nord de Carentan , il est fort possible que le fond du golfe soit constitué par le prolongement de ces rides saillantes , continues et assez élevées de grès siluriens qui se montrent dans la partie nord de la presqu'île du Cotentin. Il n'y a pas là une simple hypothèse ; car les mêmes grès , que l'on voit en lambeaux isolés autour de Valognes, viennent d'être retrouvés, sous 2 à 3 mètres d'alluvions triasiques, jusqu'à Colombières, presque sur les confins de la concession de Littry.

Nous avons indiqué, sur la planche I, ce petit pointement de grès silurien que signalait M. Hérault dès 1825 ; il se trouve sur l'alignement Est-Ouest de la haute chaîne de Lithaire et Montcastre que l'on retrouvera vraisemblablement à d'inégales profondeurs, entre la Haye-du-Puits, Carentan et Colombières.

Cette physionomie spéciale de la partie nord du golfe du Cotentin, dans laquelle les rides de grès silurien relevant le fond du golfe ont pu faire obstacle au dépôt des couches du terrain houiller, doit écarter, pour le moment du moins, les explorateurs circonspects et les amener à concentrer leurs vues et leurs efforts sur la région qui s'étend au sud de Carentan, entre le Plessis, Periers et Littry.

Quels sont les points de cette région qu'il serait le plus convenable de choisir pour y entreprendre des sondages ? C'est une question à laquelle on ne saurait répondre d'une façon tant soit peu précise, en se basant sur des données géologiques encore bien incomplètes. On sait seulement que les couches du Plessis et de Fumichon paraissent plonger vers Carentan et Isigny, en sorte qu'entre ces deux localités, les sondages seraient vraisemblablement plus profonds que si on se plaçait plus au sud, par exemple entre Moon, St-Jean-de-Daye et le Plessis.

S'il devait s'agir d'un sondage exécuté par l'État, au point de vue, non d'intérêts privés demandant la satisfaction la plus immédiate, mais dans l'intérêt général, nous conseillerions de l'entreprendre à mi-distance entre Moon et le Plessis, à St-André de Bohon par exemple, presque au bord du marais, de manière à gagner une trentaine de mètres de hauteur dans la recherche.

En ce point, le sondage atteindrait la formation
houillère dans sa partie centrale, peut-être déjà profonde et puissante ; il permettrait de la mieux explorer
et démontrerait la jonction des bassins du Plessis et
de Littry avec une plus grande netteté que ne le
feraient des forages pratiqués tout près de l'une ou
de l'autre des deux concessions. Il aurait enfin cet
important résultat, si la recherche était favorable,
de donner immédiatement lieu à l'ouverture de plusieurs nouvelles exploitations entre les deux mines
du Plessis et de Littry.

Une entreprise particulière ne se propose pas un
but aussi général et demande à un sondage, non pas
seulement des résultats géologiques, mais la solution
pratique la plus immédiate et la moins coûteuse. A
un semblable point de vue, ce serait aux confins
ouest de la concession de Littry qu'il nous paraîtrait
avantageux de se placer.

L'emplacement du sondage de St-Jean-de-Daye était
très-convenablement choisi ; on y pourrait revenir
en s'établissant aussi près que possible de la vallée
dans laquelle coule le canal de Taute et Vire ; ce
sondage, d'après ce que l'on sait de celui fait en
1840 et d'après les coupes de ceux de Mestry et
d'Engleville, n'atteindrait vraisemblablement pas le
terrain houiller avant 280 mètres de profondeur.

Sur la rive droite de la Vire, entre Neuilly et
Lison, la rencontre de cette formation paraît devoir
être encore plus facile et ne pas comporter un forage
aussi important. La faille qu'au commencement de
notre étude nous avons indiquée comme s'étant produite dans la baie des Veys, à l'origine de la période
crétacée, a relevé fort sensiblement les assises de la

rive droite, à tel point qu'on voit apparaître le calcaire infra-liasique à Osmanville et se relever à une
assez grande altitude, à Neuilly, les conglomérats
triasiques qui se montrent à Montmartin-en-Graignes,
aux Veys et dans le lit du canal de Carentan à la mer.

Ce relèvement de couches affecte également les
assises du terrain houiller, en sorte qu'on doit s'attendre à les rencontrer à une moindre profondeur sur
la rive droite que sur la rive gauche de la Vire.

Si l'on envisage que les calcaires avec schistes à
poissons affleurent au pont de la Hoderie et que ce
niveau de calcaires n'est séparé du terrain houiller
que par 83 à 85 mètres de grès rouge dans le bassin
de Fumichon, on est porté à en induire qu'il y a de
grandes probabilités de rencontrer le terrain houiller
à 150 ou 160 mètres, par un sondage entrepris dans
la vallée de la Vire, à mi-distance entre Airel et
Neuilly.

On peut également rechercher le prolongement du
terrain houiller au nord de la concession de Littry ;
mais, dans cette direction, il faut s'attendre à entreprendre des sondages très-profonds, puisque celui
d'Engleville n'était pas encore sorti du grès rouge à
263 mètres. En outre, il est possible de rencontrer
en divers points, entre Isigny, Vouilly et Colombières,
le prolongement du pointement de grès silurien de
cette dernière commune qui constituerait une petite
chaîne interceptant le terrain houiller.

Celui-ci peut encore être recherché à l'est de la concession de Littry, à la suite des affleurements du
ruisseau du Gril. Des sondages devront être alors
entrepris dans les bancs du lias ; mais il n'en résul-
tera pas un grand accroissement de profondeur,

attendu que ces assises liasiques n'atteignent à Bayeux, où elles ont cependant leur maximum de puissance, qu'une épaisseur de 55 mètres, d'après la coupe d'un sondage artésien fait en 1860 sur la place du château.

Les points ne manquent donc pas sur lesquels la recherche des prolongements des bassins de Littry et du Plessis puisse s'opérer sans de grandes difficultés et avec de sérieuses chances de réussite.

Les débouchés ne manqueront pas non plus aux exploitations qui, par la suite, viendront à se créer.

Les départements du Calvados et de la Manche, pour ne parler que de ceux sur le sol desquels ces exploitations pourraient se trouver, ont vu dans ces trente dernières années leur consommation houillère s'accroître considérablement comme le montre le tableau ci-après :

| ANNÉES. | CALVADOS. | MANCHE. | TOTAUX. |
|---|---|---|---|
| 1844 | 57,272 tonnes | 25,909 tonnes | 83,181 tonnes |
| 1849 | 71,464 — | 26,100 — | 97,564 — |
| 1854 | 73,610 — | 36,785 — | 110,395 — |
| 1859 | 74,878 — | 54,850 — | 129,728 — |
| 1864 | 116,109 — | 63,638 — | 179,747 — |
| 1869 | 149,993 — | 81,337 — | 231,330 — |

Cette consommation atteignit 231,000 tonnes en-

viron en 1869 ; elle ne s'est pas sérieusement développée depuis, en raison des événements politiques
de 1870 et 1871 et de la stagnation des affaires.

La très-majeure partie des charbons consommés
dans le Calvados et la Manche vient d'Angleterre ; les
bassins du nord de la France et la mine de Littry ne
fournissent qu'un faible appoint à cette consommation.

Dans le département de la Manche, où l'industrie
manufacturière est peu développée, la chaufournerie, la maréchalerie et le chauffage domestique
absorbent la plus grande partie des combustibles qui
sont introduits par les nombreux ports du Cotentin.
Dans le Calvados, la consommation des usines a pris
beaucoup d'extension; cependant, l'industrie chaufournière du Bessin entre pour une fraction notable
dans le chiffre total de la consommation.

Dans un rayon restreint, et sans compter le département de l'Orne qui absorbe plus de 60,000 tonnes,
ni la Seine-Inférieure, où des charbons du Calvados
et de la Manche pourraient arriver par cabotage et qui
consomme annuellement 800,000 tonnes, les débouchés ne manquent donc pas aux exploitations qui
viendront à se créer, soit qu'elles alimentent spécia-
lement la chaufournerie comme se sont bornées à le
faire longtemps les mines du Plessis et de Littry, soit
qu'elles produisent des charbons à gaz et à briquettes
qui pourront être envoyés au loin, soit qu'enfin leurs
houilles puissent convenir à la consommation indus-
trielle qui, importante déjà dans le Calvados, prend
d'énormes proportions dans la Seine-Inférieure.

Les voies de communication rapides et économiques ne feront pas non plus défaut aux produits

d'exploitations venant à se créer entre les concessions de Littry et du Plessis.

Tout autour de Carentan, s'étendent de vastes marais traversés par la Vire, la Taute, la Douve et le Merderet, rivières qui ont été canalisées sur un grand développement et sur lesquelles la batellerie a une certaine activité, notamment pour le transport de la chaux ; en outre, le réseau de l'Ouest possède les lignes de Paris à Cherbourg, de Lison à St-Lô et va bientôt entreprendre le chemin de fer stratégique de Cherbourg à Brest, qui passera à l'Est de la concession du Plessis, vers Lessay et Coutances. Enfin, le département de la Manche est sur le point de faire exécuter tout un réseau de chemins de fer d'intérêt local, comprenant en particulier deux lignes allant de Carentan à Carteret et à Périers, dont l'établissement sera extrêmement avantageux aux exploitations houillères qui pourront s'ouvrir entre les concessions de Littry et du Plessis.

Tel est l'avenir qui s'offre aux explorateurs qui viendront dans le Cotentin et le Bessin rechercher de nouveaux gisements de combustible. Assurance presque complète de rencontrer la formation houillère à des profondeurs très-abordables ; chances aléatoires à courir en ce qui concerne le degré de richesse de cette formation ; cercle important de débouchés et multiplicité des voies de communication par canaux, par chemins de fer et même par mer, à portée des entreprises qui pourront s'établir.

Cette perspective n'a rien que de très-encourageant, car elle assure à l'esprit d'investigation un champ d'étude suffisamment large et sérieux et qui mérite, surtout avec la hausse des charbons, de fixer l'attention des explorateurs.

Depuis le commencement de la crise houillère, nos voisins de l'autre côté de la Manche se sont remis à fouiller leur sol, à reprendre d'anciennes exploitations abandonnées, à rechercher de nouveaux gisements houillers.

Cet exemple, nous venant d'un pays qui suffit et bien au-delà aux besoins de sa consommation intérieure, s'impose plus particulièrement aux exploitants français, si l'on envisage que notre industrie est tributaire de l'étranger et à la merci des moindres crises qui peuvent s'y produire, en raison de l'écart énorme de près de huit millions de tonnes existant actuellement entre la production de nos mines de combustibles et les exigences chaque jour croissantes de la consommation.

# ANNEXES.

## ANNEXE N° 1.

*Coupe du sondage de l'herbage du Breuil (n° 31).*

| | | |
|---|--:|--:|
| Terre végétale, sables, argile, graviers. | 25$^m$,88$^c$ | |
| Schistes rouges et grès bigarrés | 21 | 80 |
| Grès houillers noirâtres et blanchâtres; lames de schistes houillers. | 27 | 62 |
| Poudingue. | 0 | 92 |
| Grès houillers gris et jaunâtres | 5 | 97 |
| Schistes gris bleuâtres. | 5 | 73 |
| Grès rouges tachetés. | 2 | 60 |
| Grès et schistes houillers. | 4 | 08 |
| Poudingue quartzeux | 1 | 10 |
| Grès houiller et petits lits de schistes houillers. | 2 | 49 |
| Poudingue quartzeux. | 2 | »» |
| Schistes et grès houillers. | 8 | 40 |
| Poudingue quartzeux | 4 | 78 |
| Grès houiller. | 1 | 85 |
| Poudingue. | 0 | 70 |
| Grès et schistes houillers. | 5 | 43 |
| Poudingues | 5 | 25 |
| Grès houiller gris et conglomérats. | 10 | 95 |
| Poudingues | 2 | 40 |
| Profondeur totale. | 139$^m$,95$^c$ | |

## ANNEXE Nº 2.

### *Coupe du puits Dumartroy (nº 31 bis).*

| | m | c |
|---|---|---|
| Terre végétale | 1 | » |
| Sables, graviers et argile | 23 | 35 |
| Grès rouge | 0 | 80 |
| Schistes argileux rouges et maculés de vert | 8 | 65 |
| Calcaire gris | 2 | » |
| Grès gris et rouges | 2 | 20 |
| Schistes argileux gris et rouges | 8 | 40 |
| Grès gris | 3 | 80 |
| Alternance de schistes et de grès rouges et gris | 17 | 20 |
| Alternance de schistes et de grès houillers ; nœuds charbonneux | 4 | 20 |
| Poudingue quartzeux | 1 | 35 |
| Grès et schistes houillers | 3 | 65 |
| Poudingue quartzeux | 1 | 40 |
| Schistes et grès houillers | 3 | 30 |
| Poudingues quartzeux avec lits de grès houiller | 4 | 69 |
| Grès houillers gris et blancs avec quelques lits de schistes | 20 | 21 |
| Roche éruptive décomposée | 2 | 95 |

Couche de charbon :

| | m | c |
|---|---|---|
| Charbon à chaux | 0 | 64 |
| Schiste houiller | 0 | 30 |
| Charbon à chaux | 0 | 10 |
| Schiste houiller | 0 | 66 |
| Houille maréchale | 0 | 50 |
| | 1 | 60 |

Profondeur totale . . . . 116m,65c

## ANNEXE N° 3.

*Coupe du puits Noël (n° 32).*

| | |
|---|---|
| Terre végétale . . . . . . . . . . . . . . . . . . . . . . . | 1$^m$,10$^c$ |
| Glaise, sables et graviers . . . . . . . . . . . . . . . . | 13   49 |
| Grès rouges et lits argileux. . . . . . . . . . . . . . . . | 10   50 |
| Calcaire gris. . . . . . . . . . . . . . . . . . . . . . . | 3   »» |
| Schistes argileux et grès avec intercalation de 4 bancs de calcaire gris . . . . . . . . . . . . . . . . . . . . | 15   »» |
| Grès rouges et schistes argileux . . . . . . . . . . . . . | 13   »» |
| Schistes argileux et rognons de grès houiller. . . . . . . | 1   50 |
| Grès houiller. . . . . . . . . . . . . . . . . . . . . . . | 3   »» |
| Schistes argileux et rognons de grès houiller . . . . . . . | 13   55 |
| Alternance de schistes et de grès houillers avec clous charbonneux . . . . . . . . . . . . . . . . . . . . . . | 13   50 |
| Poudingue quartzeux . . . . . . . . . . . . . . . . . . . | 0   80 |
| Schistes et grès houillers. . . . . . . . . . . . . . . . . | 4   35 |
| Poudingue. . . . . . . . . . . . . . . . . . . . . . . . . | 1   50 |
| Grès houillers avec petits lits de schistes . . . . . . . . | 10   05 |
| Couche de charbon. { Charbon schisteux . . . . . 1$^m$,»»$^c$ / Nerf de schiste. . . . . . 0   03 / Houille maréchale . . . 0   30 } | 1   33 |
| Grès houiller. . . . . . . . . . . . . . . . . . . . . . . | 1   45 |
| Charbon sec et maigre. . . . . . . . . . . . . . . . . . . | 0   20 |
| Profondeur totale. . . . | 107$^m$,23$^c$ |

## ANNEXE N° 4.

### Coupe du puits du Carnet (n° 34).

Terre végétale. . . . . . . . . . . . . . . . . . . . . . . . . . . . .   $0^m,90^c$
Sables, graviers et argile . . . . . . . . . . . . . . . .   12   40
Grès rouges et schistes argileux rouges et gris. . . . .   19   80
Calcaire gris . . . . . . . . . . . . . . . . . . . . . . . .   2   80
Grès rouges et bigarrés ; schistes argileux avec intercalation
  de gros bancs de calcaire . . . . . . . . . . . . . . . .   10   60
Schistes rouges, bruns et blanc-verdâtres. . . . . . . . .   22   50
Grès houillers avec filets de schistes et nœuds charbonneux.   29   20
Poudingue quartzeux . . . . . . . . . . . . . . . . . . . .   1   80
Roche feldspathique altérée. . . . . . . . . . . . . . . .   6   80
Pétrosilex rappelant les roches de Montmirail . . . . . .   2   ··

Profondeur totale. . . . .   $108^m,80^c$

---

## ANNEXE N° 5.

### Coupe du puits Touvais (n° 35).

Terre végétale . . . . . . . . . . . . . . . . . . . . . . . .   $1^m,20^c$
Sables, graviers et argile. . . . . . . . . . . . . . . . .   9   80
Calcaire gris. . . . . . . . . . . . . . . . . . . . . . . .   1   ··
Sable argileux rouge avec petits bancs de grès rouge . .   31   10
Calcaire gris. . . . . . . . . . . . . . . . . . . . . . . .   0   40
Schistes et grès bigarrés. . . . . . . . . . . . . . . . .   4   50
Calcaire gris. . . . . . . . . . . . . . . . . . . . . . . .   2   $20^c$

A reporter. . . . .   50   20

|  |  |  |
|---|---|---|
| Report. | 50 | 20ᵉ |
| Schistes argileux et grès bigarrés | 3 | 50 |
| Calcaire gris | 1 | 20 |
| Grès gris tachetés de rouge avec lits de schistes argileux gris et rouges | 10 | 50 |
| Schistes argileux rougeâtres avec petits bancs de grès rouge | 11 | 30 |
| Grès rouge avec galets et schistes | 1 | 95 |
| Schistes argileux rougeâtres avec blocs de grès rouge | 16 | 55 |
| Grès houillers avec galets | 7 | 30 |
| Poudingue quartzeux | 1 | 50 |
| Grès houillers gris | 4 | 60 |
| Charbon à chaux | 0 | 35 |
| Grès houiller | 1 | 05 |
| Charbon à chaux | 0 | 60 |
| Schistes houillers | 2 | 20 |
| Grès houiller | 1 | 40 |
| Roche feldspathique altérée | 0 | 30 |
| Profondeur totale | 114ᵐ,20ᵉ | |

---

## ANNEXE N° 6.

*Coupe du sondage fait en contre-bas du puits Touvais (n° 55).*

|  |  |  |
|---|---|---|
| Roche grisâtre et jaunâtre ? | 22ᵐ,30ᵉ | |
| Schiste noirâtre | 1 | 25 |
| Grès gris et bruns | 3 | 65 |
| Grès gris avec parcelles charbonneuses et filets schisteux | 3 | 10 |
| Schistes bruns | 3 | » |
| Schiste avec parties charbonneuses | 0 | 25 |
| À reporter | 33 | 55ᵉ |

|  |  |  |
|---|---|---|
| *Report.* . . . . | 33 | 55ᵉ |
| Terrain de soulèvement ; roche jaune et grise altérée. . . | 30 | 75 |
| Grès et schistes houillers . . . . . . . . . . . . . . . | 1 | 73 |
| Terrain de soulèvement . . . . . . . . . . . . . . . . | 3 | 20 |
| Poudingues quartzeux. . . . . . . . . . . . . . . . . | 5 | 27 |
| Grès houillers . . . . . . . . . . . . . . . . . . . . | 3 | 40 |
| Poudingues quartzeux. . . . . . . . . . . . . . . . . | 1 | 85 |
| Roche brunâtre tachetée. . . . . . . . . . . . . . . . | 3 | 60 |
| Schistes bruns . . . . . . . . . . . . . . . . . . . . | 0 | 60 |
| Poudingues quartzeux . . . . . . . . . . . . . . . . . | 2 | 39 |

( Sondage abandonné ici en 1845 et repris en 1852. )

|  |  |  |
|---|---|---|
| Poudingues quartzeux. . . . . . . . . . . . . . . . . | 1 | 71 |
| Schistes bruns . . . . . . . . . . . . . . . . . . . . | 1 | 85 |
| Poudingues quartzeux. . . . . . . . . . . . . . . . . | 2 | 80 |
| Schiste et grès houillers . . . . . . . . . . . . . . . | 0 | 75 |
| Poudingue quartzeux . . . . . . . . . . . . . . . . . | 1 | 25 |
| Schiste et grès houillers . . . . . . . . . . . . . . . | 0 | 55 |
| Poudingues quartzeux. . . . . . . . . . . . . . . . . | 3 | 70 |
| Schistes avec nœuds siliceux . . . . . . . . . . . . . | 1 | 20 |
| Poudingues quartzeux. . . . . . . . . . . . . . . . . | 24 | 55 |
| Grès schisteux . . . . . . . . . . . . . . . . . . . . | 0 | 70 |
| Poudingues quartzeux. . . . . . . . . . . . . . . . . | 15 | 42 |
|  | | |
| Profondeur totale. . . . . | 139ᵐ,82ᵉ | |

---

# ANNEXE N° 7.

## *Coupe du puits du Vieux-Presbytère (n° 39).*

|  |  |  |
|---|---|---|
| Terre végétale, sables, graviers et argile. . . . . . . . | 13ᵐ,50ᵉ | |
| Schistes argileux rouges et maculés de blanc. . . . . . | 14 | 95 |
| Calcaire gris. . . . . . . . . . . . . . . . . . . . . | 0 | 40 |
| Schistes argileux gris . . . . . . . . . . . . . . . . | 2 | ″″ |
|  | | |
| *A reporter.* . . . . . | 30 | 85 |

|  |  |  |
|---|---|---|
| *Report.* . . . . . | 30 | 85° |
| Calcaire gris. . . . . . . . . . . . . . . . . . | 3 | 85 |
| Schistes argileux gris et rouges. . . . . . . . . | 4 | 65 |
| Calcaires gris avec petits lits de schiste brun . . . . . . | 3 | 10 |
| Schistes argileux bruns et verdâtres . . . . . . . . . . | 4 | 95 |
| Calcaire gris. . . . . . . . . . . . . . . . . . | 0 | 50 |
| Alternance de schistes bruns ou rouges et de calcaires gris (six bancs de calcaire) . . . . . . . . . . . . . | 15 | 50 |
| Grès houillers gris et blancs avec nœuds charbonneux. . | 5 | 10 |
| Schistes argileux bruns et noirs avec blocs de grès houiller. | 5 | 55 |
| Grès houiller gris. . . . . . . . . . . . . . . . | 1 | 80 |
| Poudingue quartzeux . . . . . . . . . . . . . . | 0 | 40 |
| Alternance de grès houillers et de schistes bruns. . . . | 2 | 80 |
| Schistes argileux rouges et maculés avec blocs de grès rouges. . . . . . . . . . . . . . . . . . . . | 16 | 65 |
| Grès rouges . . . . . . . . . . . . . . . . . . | 15 | 10 |
| Grès houiller gris. . . . . . . . . . . . . . . . | 1 | 10 |
| Schistes argileux rouges avec blocs de grès rouge . . . | 5 | 10 |
| Grès houillers avec nœuds charbonneux. . . . . . . . | 3 | 10 |
| Poudingue à pâte argileuse. . . . . . . . . . . . | 3 | »» |
| Grès houillers avec débris charbonneux, associés à quelques lits de schistes bruns . . . . . . . . . . . . . | 10 | 50 |
| Schistes argileux avec nœuds de grès houiller . . . . . . | 2 | 90 |
| Conglomérat de grès houiller, schiste argileux et de pétrosilex porphyroïde . . . . . . . . . . . . . . | 7 | 60 |
| *Profondeur totale.* . . . . | 144<sup>m</sup>,10<sup>c</sup> | |

---

## ANNEXE N° 8.

*Coupe du sondage du Pré de la Rivière ( n° 45 ).*

|  |  |  |
|---|---|---|
| Terre végétale, argile et graviers . . . . . . . . . . . . | 6<sup>m</sup>,65<sup>c</sup> | |
| Schistes argileux, rouges et bruns avec nœuds de calcaire. | 17 | 35 |
| *À reporter.* . . . . | 24 | »»° |

Report. . . . . .  24  »»»

Alternance de grès et de schistes rouges et bruns.. . . .  24  90

Grès houillers et schistes bruns avec nœuds charbonneux .  8  45

Calcaire brun . . . . . . . . . . . . . . . . . . . . . . .  0  52

Schistes charbonneux avec nœuds calcaires . . . . . . . .  20  63

Grès houillers passant aux poudingues alternant avec des
    lits de schistes bruns.. . . . . . . . . . . . . . . .  19  18

Alternance de schistes et de grès houillers à grains fins. .  35  37
    (Veinule de houille à 114ᵐ.)

Poudingue quartzeux . . . . . . . . . . . . . . . . . . .  0  50

Terrain de soulèvement. — Roche feldsphathique altérée .  12  28

Profondeur totale. . . .  145ᵐ,53ᵉ

---

# ANNEXE Nº 9.

## *Coupe du sondage de Mestry ( nº 44 ).*

Sables, glaise et graviers. . . . . . . . . . . . . . . . .  10ᵐ,20ᵉ

Calcaires argileux rougeâtres. . . . . . . . . . . . . . .  5  »»

Schistes rouges. . . . . . . . . . . . . . . . . . . . . .  2  90

Calcaires argileux avec nodules quartzeux. . . . . . . . .  8  40

Schistes rouges. . . . . . . . . . . . . . . . . . . . . .  4  50

Alternance de grès et de schistes rouges . . . . . . . . .  44  50

Calcaire gris. . . . . . . . . . . . . . . . . . . . . . .  0  60

Alternance de grès rouges passant aux poudingues et de
    schistes rouges . . . . . . . . . . . . . . . . . . .  40  35

Calcaire gris . . . . . . . . . . . . . . . . . . . . . . .  0  40

Schistes et grès rouges avec nœuds calcaires . . . . . . .  42  50

Calcaire gris. . . . . . . . . . . . . . . . . . . . . . .  0  70

Schistes argileux avec lits de grès rouge . . . . . . . . .  10  45

Poudingues quartzeux et schistes argileux . . . . . . . .  2  05

*A reporter.* . . . .  142  75ᵉ

Report. . . . . . 142m,75c

| | |
|---|---|
| Grès rouge avec lits de schistes . . . . . . . . . . . . . . . . . | 1 08 |
| Poudingue quartzeux avec schistes argileux. . . . . . . . . | 1 80 |
| Calcaire gris. . . . . . . . . . . . . . . . . . . . . . . . . | 0 77 |
| Alternance de grès et de schistes rouges . . . . . . . . . . | 1 45 |
| Calcaire gris. . . . . . . . . . . . . . . . . . . . . . . . . | 1 01 |
| Schiste rouge . . . . . . . . . . . . . . . . . . . . . . . . | 0 85 |
| Grès rouge. . . . . . . . . . . . . . . . . . . . . . . . . . | 1 71 |
| Schistes rouges avec petits lits de grès . . . . . . . . . . | 11 03 |
| Calcaire gris. . . . . . . . . . . . . . . . . . . . . . . . . | 0 75 |
| Grès et schistes rouges. . . . . . . . . . . . . . . . . . . | 7 »» |
| Calcaire gris. . . . . . . . . . . . . . . . . . . . . . . . . | 0 51 |
| Schiste rouge . . . . . . . . . . . . . . . . . . . . . . . . | 0 75 |
| Calcaire gris. . . . . . . . . . . . . . . . . . . . . . . . . | 1 04 |
| Schiste rouge. . . . . . . . . . . . . . . . . . . . . . . . . | 0 95 |
| Calcaire gris. . . . . . . . . . . . . . . . . . . . . . . . . | 1 03 |

Profondeur totale. . . . 173m,98c

---

## ANNEXE N° 10.

*Coupe du puits de la Rogerie (n° 45).*

| | |
|---|---|
| Terre végétale , sables, graviers, argile. . . . . . . . . . | 2m,10c |
| Schistes argileux rouges . . . . . . . . . . . . . . . . . . | 9 50 |
| Grès rouge. . . . . . . . . . . . . . . . . . . . . . . . . . | 0 60 |
| Grès gris et schistes verdâtres. . . . . . . . . . . . . . . | 5 »» |
| Grès gris. — Schiste rouge et amandes calcaires . . . . . | 0 30 |
| Grès et schistes houillers alternant ensemble. . . . . . . | 5 30 |
| Schistes houillers bruns. . . . . . . . . . . . . . . . . . . | 3 60 |
| Calcaire brun . . . . . . . . . . . . . . . . . . . . . . . . | 1 »» |
| Schiste brun et lames charbonneuses. . . . . . . . . . . . | 0 20 |

À reporter. . . . . . 27m,60c

Report. . . . . 27ᵐ,60ᶜ

Charbon à chaux. . . . . . . . . . . . . . . . . . . . 0 20
Schiste houiller. . . . . . . . . . . . . . . . . . . . 1 40
Grès et schistes houillers avec nœuds charbonneux. . . . 0 50

Couches de charbon.
  Brouillage charbonneux . . . . . . 0 12
  Schiste houiller . . . . . . . . . . 0 20
  Brouillage charbonneux . . . . . . 0 18
  Calcaire brun. . . . . . . . . . . 0 20

Épaisseur totale : 2ᵐ,70ᶜ.
  Brouillage charbonneux . . . . . . 0 20
  Schiste houiller . . . . . . . . . . 0 40
  Charbon gros gras et charbon à chaux 1 40

Schiste houiller . . . . . .
Calcaire brun. . . . . . . .  avec nœuds charbonneux. 0 08 / 0 20
Grès et schistes houillers . . 4 82

(A 42ᵐ,55ᶜ. — Petite veine de 0ᵐ,50ᶜ d'épaisseur).
Schistes charbonneux . . . . . . . . . . . . . . . . 1 40ᶜ

Profondeur totale. . . . . 44ᵐ,90ᶜ

Un sondage fait au même lieu et ayant eu 77ᵐ,40ᶜ de profondeur a rencontré le terrain de soulèvement à 25ᵐ,80ᶜ en contre-bas de la grande couche et a traversé ce terrain de soulèvement sur 13ᵐ,10 de hauteur.

---

# ANNEXE N° 11.

## *Coupe de sondage de la Conterie (n° 46).*

Terre végétale . . . . . . . . . . . . . . . . . . . . 1ᵐ,00ᶜ
Sables, argile et graviers . . . . . . . . . . . . . . 24 40
Schistes argileux rouges et maculés de gris. . . . . . 22 85
Grès rouges avec lits de schiste argileux. . . . . . . 7 35

A reporter. . . . . 55ᵐ,60ᶜ

Report. . . . . 55ᵐ,60ᶜ

Schistes rouges et maculés. . . . . . . . . . . . . .     1   35
Grès houillers gris et blanchâtres ; poudingue à la base. .    10   05
Schistes et grès houillers. . . . . . . . . . . . . .     4   20
Schistes très-charbonneux . . . . . . . . . . . . .     0   75
Alternance de schistes et de grès houillers . . . . . . .     2   80
Grès houillers gris et blanchâtres ; nœuds charbonneux . .     6   95
Poudingues blancs et rougeâtres. . . . . . . . . . .     6   40
Grès houiller gris. . . . . . . . . . . . . . . . . .     0   60
Terrain de soulèvement ; pétrosilex porphyroïde plus ou
    moins décomposé. . . . . . . . . . . . . . . . .    12   75

Profondeur totale. . . . 101ᵐ,45ᵃ

---

## ANNEXE Nᵒ 12.

### *Coupe du sondage des Hauts-Vents (nᵒ 50).*

Terre végétale, argile et graviers . . . . . . . . . . .     3ᵐ,00ᵃ
Schistes argileux avec nœuds calcaires . . . . . . . . .    13   70
Grès blanchâtre. . . . . . . . . . . . . . . . . . .     2   05
Schistes argileux, rouges, bleuâtres et bruns. . . . . . .    12   40
Grès rouges avec nœuds calcaires. . . . . . . . . . .     2   65
Schistes et grès rouges. . . . . . . . . . . . . . . .     2   60
Schistes et grès houillers gris. . . . . . . . . . . . .     9   50
Grès et schistes rouges. . . . . . . . . . . . . . . .     1   10
Schistes et grès houillers gris . . . . . . . . . . . . .     0   90
Calcaire brun. . . . . . . . . . . . . . . . . . . .     0   50
Charbon à chaux. . . . . . . . . . . . . . . . . . .     0   40
Schiste brun, grès houiller et lits calcaires. . . . . . . .     2   90
Schistes houillers avec nœuds charbonneux. . . . . . . .     8   15
Alternance de grès et de schistes houillers. . . . . . . .     3   45

À reporter. . . . . . 72ᵐ,25ᶜ

|  |  |
|---|---|
| *Report.* . . . . . | 72m,²¹ᶜ |
| Schistes noirs. . . . . . . . . . . . . . . . . . . . . . | 4  70 |
| Charbon à chaux . . . . . . . . . . . . . . . . . . . . . | 0  06 |
| Schistes argileux bruns et gris. . . . . . . . . . . . . | 8  74 |
| Grès houillers, poudingues à la base et filets schisteux . . | 10  90 |
| Grès houillers bruns à grains fins. . . . . . . . . . . . | 6  60 |
| Schistes houillers avec parties charbonneuses à la base. . | 3  98 |
| Schistes bruns argileux. . . . . . . . . . . . . . . . . | 1  42 |
| Grès houillers avec filets schisteux. . . . . . . . . . . | 7  20 |
| Poudingue quartzeux . . . . . . . . . . . . . . . . . . . | 1  35 |
| Grès et schistes charbonneux. . . . . . . . . . . . . . . | 0  30 |
| Grès et schistes houillers. . . . . . . . . . . . . . . . | 11  95 |
| Poudingue quartzeux. . . . . . . . . . . . . . . . . . . | 3  05 |
| Terrains de soulèvement. . . . . . . . . . . . . . . . . | 10  85 |
| Profondeur totale. . . . . | 143ᵐ,10ᶜ |

---

# ANNEXE N° 13.

## *Coupe du sondage Guillemine ( n° 52 ).*

|  |  |
|---|---|
| Terre végétale . . . . . . . . . . . . . . . . . . . . . | 1ᵐ,50ᶜ |
| Sables, argile et graviers . . . . . . . . . . . . . . . | 4  40 |
| Schistes argileux, rouges et blanchâtres. . . . . . . . | 2  80 |
| Grès gris. . . . . . . . . . . . . . . . . . . . . . . . | 1  35 |
| Calcaire gris. . . . . . . . . . . . . . . . . . . . . . | 1  80 |
| Calcaire rougeâtre et nœuds de grès rouge. . . . . . . . | 2  05 |
| Schistes argileux rouges, avec grès rouge passant au poudingue . . . . . . . . . . . . . . . . . . . . . . . . | 2  80 |
| Alternance de schistes et de grès rouges. . . . . . . . | 11  10 |
| Grès houiller gris, avec nœuds calcaires. . . . . . . . | 3  45 |
| Grès houiller poudingique. . . . . . . . . . . . . . . . | 0  60 |
| *A reporter.* . . . . . | 31m,85ᶜ |

|  |  |  |
|---|---|---|
| *Report.* . . . . . | 34, m85e |
| Grès houillers gris et bruns, avec filets schisteux. . . . | 4 | 45 |
| Schistes bruns, avec nœuds charbonneux. . . . . . . | 3 | 40 |
| Calcaires bruns et gris, avec filets schisteux. . . . . . | 1 | 40 |
| Schistes et grès houillers. . . . . . . . . . . | 2 | 65 |
| Charbon. . . . . . . . . . . . . . . . . | 0 | 05 |
| Alternance répétée de grès houillers et de schistes argileux, avec nœuds siliceux. . . . . . . . . . . . . | 17 | 50 |
| Schistes argileux, avec filets charbonneux. . . . . . | 1 | 20 |
| Schistes houillers, avec petits bancs de grès. . . . . . | 6 | 55 |
| Grès houillers, avec filets schisteux. . . . . . . . | 2 | 95 |
| Schistes argileux grisâtres. . . . . . . . . . . | 2 | 40 |
| Calcaire gris. . . . . . . . . . . . . . . . | 0 | 45 |
| Schistes et grès houillers passant au poudingue. . . . | 5 | 05 |
| Poudingue quartzeux. . . . . . . . . . . . . | 1 | 80 |
| Grès rouge. . . . . . . . . . . . . . . . . | 2 | 30 |
| Terrain de soulèvement ; roche rougeâtre décomposée. . . | 21 | 00 |
| Grès et schistes houillers ; lames de charbon. . . . . | 4 | 85 |
| Terrain de soulèvement ; roche rougeâtre et jaunâtre décomposée . . . . . . . . . . . . . . . . | 25m,90e |
| Profondeur totale. . . . . | 135m,45e |

---

## ANNEXE N° 14.

*Coupe du sondage des Croix ( n° 55 ).*

|  |  |  |
|---|---|---|
| Terre végétale et argile rougeâtre . . . . . . . . . . | 2m,05e |
| Schistes argileux gris et rougeâtres, avec nœuds siliceux. . | 6 | 60 |
| Grès rouge. . . . . . . . . . . . . . . . . . | 0 | 25 |
| *A reporter.* . . . . | 8m,90e |

|  |  |  |
|---|--:|--:|
| *Report.* | 8$^m$,90$^c$ | |
| Schistes argileux rougeâtres, avec petits bancs de grès. | 15 | 35 |
| Calcaire gris, avec filets schisteux. | 1 | 40 |
| Alternance de grès rougeâtres et de bancs calcaires. | 4 | 25 |
| ( 3 bancs calcaires. ) | | |
| Grès rouge. | 0 | 60 |
| Grès et schistes gris blanchâtres. | 1 | 40 |
| Grès rouge, avec filets schisteux | 0 | 80 |
| Schistes et grès houillers. | 5 | 10 |
| Calcaire brun | 0 | 40 |
| Schiste brun charbonneux. | 0 | 40 |
| Grès et schistes houillers, avec nœuds siliceux. | 7 | 45 |
| Schistes avec nœuds charbonneux. | 0 | 40 |
| Charbon schisteux. | 0 | 30 |
| Schistes et grès houillers, avec nœuds siliceux et filets charbonneux | 8 | 30 |
| Charbon. | 0 | 10 |
| Schistes houillers | 1 | 00 |
| Poudingue quartzeux | 1 | 65 |
| Grès houillers; poudingues à la base, avec filets schisteux. | 15 | 20 |
| Schistes argileux grisâtres | 1 | 35 |
| Grès houillers grisâtres. | 3 | 30 |
| Schistes gris ou bruns et grès houiller.. | 1 | 65 |
| Grès rouges, poudingues et filets schisteux.. | 4 | 50 |
| Terrain de soulèvement; roche altérée. | 26 | 90 |
| Schistes et grès houillers; lames charbonneuses. | 5 | 05 |
| Terrain de soulèvement; roche porphyroïde décomposée. | 9 | 35 |
| Profondeur totale. | 125$^m$,10$^c$ | |

## ANNEXE N° 15.

### *Coupe (1) d'un puits fait en contre-bas de la Fosse-Saint-Georges de 1813 à 1816.*

| | | | |
|---|---|--:|--:|
| 1 | Couche de houille exploitée | 0ᵐ | ,00ᶜ |
| 2 | Schiste argileux | 0 | 24 |
| 3 | Argile endurcie fragmentaire | 0 | 80 |
| 4 | Roche feldspathique altérée blanchâtre en masse | 31 | 24 |
| 5 | —            verdâtre et rougeâtre | 16 | 00 |
| 6 | —            verdâtre et blanchâtre | 3 | 25 |
| 7 | Argile endurcie grisâtre compacte | 7 | 44 |
| 8 | Même argile fragmentaire | 3 | 89 |
| 9 | Schistes argileux noirâtres avec veinules de houille | 1 | 30 |
| 10 | Houille traversée d'un grand nombre de filets de schistes à 64ᵐ,16ᶜ | 0 | 40 |
| 11 | Argile endurcie noirâtre fragmentaire | 2 | 59 |
| 12 | Alternance de schistes argileux et de grès houillers | 1 | 30 |
| 13 | Schistes argileux en couches plissées | 0 | 97 |
| 14 | Schistes argileux gris noirâtres | 0 | 97 |
| 15 | Grès houiller noirâtre | 1 | 30 |
| 16 | Grès rougeâtre avec veinules de houille | 1 | 30 |
| 17 | Schistes argileux | 3 | 57 |
| 18 | Même schiste décomposé | 0 | 05 |
| 19 | Argile endurcie micacée compacte | 0 | 24 |
| 20 | Grès houiller bien caractérisé | 1 | 00 |
| 21 | Poudingue | 13 | 96 |
| 22 | Grès houiller gris-noirâtre schisteux | 1 | 95 |
| 23 | Poudingue à pâte de grès houiller blanchâtre | 19 | 14 |

Profondeur totale. . . . 112ᵐ,90ᶜ

24  Au fond du puits, 15 couches d'une granwacke quartzeuse blanchâtre, presque verticales, orientées E.-O. et absolument étrangères au terrain houiller.

(1) Coupe extraite d'un tableau des terrains du Calvados publié par feu M. Hérault, ingénieur en chef des mines, en 1832.

## ANNEXE N° 16.

*Coupe du puits Fumichon n° 1 (n° 56).*

| | | |
|---|---:|---:|
| 1 Terre végétale. | 0m,50c | |
| 2 Schistes rouges à taches verdâtres | 5 | »» |
| 3 Calcaire brun jaunâtre | 0 | 30 |
| 4 Schistes argileux rouges | 1 | 40 |
| 5 Grès rouges | 1 | »» |
| 6 Grès rouges avec lits de schistes argileux rouges. | 32 | 30 |
| 7 Grès blanchâtre. | 1 | 20 |
| 8 Schistes argileux noirâtres. | 1 | 10 |
| 9 Schistes argileux gris verdâtres. | 5 | 20 |
| 10 Calcaire gris-brun | 3 | 50 |
| 11 Grès blanchâtre | 1 | 90 |
| 12 Schistes argileux bleuâtres avec amandes calcaires. | 6 | 20 |
| 13 Calcaire gris-brun | 4 | »» |
| 14 Schistes argileux gris verdâtres. | 2 | 50 |
| 15 Calcaire gris blanchâtre. | 0 | 90 |
| 16 Schistes argileux gris verdâtres. | 2 | 50 |
| 17 Calcaire gris blanchâtre | 5 | 80 |
| 18 Schistes argileux gris-bruns | 2 | 70 |
| 19 Calcaire gris-brun | 0 | 50 |
| 20 Schistes argileux verdâtres et rougeâtres. | 1 | 30 |
| 21 Calcaire gris-brun. | 0 | 30 |
| 22 Schistes argileux verdâtres et rougeâtres. | 1 | 50 |
| 23 Calcaire gris-brun | 0 | 30 |
| 24 Schistes argileux verdâtres et rougeâtres | 1 | 40 |
| 25 Calcaire gris blanchâtre. | 3 | 90 |
| 26 Schiste argileux gris-brun. | 0 | 30 |
| 27 Calcaire gris blanchâtre. | 0 | 80 |

*A reporter.* 88m,60c

|  |  |  |  |
|---|---|---|---|
|  | *Report.* . . . . . | 88<sup>m</sup>,60<sup>c</sup> |  |

28 Schiste argileux rougeâtre avec taches et amandes calcaires . . . . . . . . . . . . . . . . . . . . . . . .   0   60
29 Calcaire gris blanchâtre. . . . . . . . . . . . . . . .   0   70
30 Schistes argileux rougeâtres et verdâtres avec amandes calcaires . . . . . . . . . . . . . . . . . . . . . .  31   50
31 Pondingue quartzeux à gangue de grès rouge. . . . .   1   20
32 Schistes rouges avec taches verdâtres . . . . . . . .   6   20
33 Mêmes schistes avec lits de grès rouge et nœuds de poudingue . . . . . . . . . . . . . . . . . . . . .   1   »»
34 Poudingue quartzeux à gangue de grès rougeâtre. . .   1   40
35 Grès gris rougeâtre. . . . . . . . . . . . . . . . . .   1   40
36 Poudingue quartzeux à gangue de grès rougeâtre. .   0   70
37 Schistes argileux rouges avec taches verdâtres. . . .   1   90
38 Grès gris rougeâtre . . . . . . . . . . . . . . . . . .   0   90
39 Schistes argileux rouges avec taches verdâtres. . . .   1   90
40 Calcaire de couleur blanchâtre. . . . . . . . . . . .   1   20
41 Grès rouges avec lits de schistes verdâtres . . . . . .   4   50
42 Calcaire gris-brun. . . . . . . . . . . . . . . . . . .   0   50
43 Grès rouge à taches verdâtres. . . . . . . . . . . . .   3   10
44 Calcaire gris-brun . . . . . . . . . . . . . . . . . . .   1   »»
45 Alternance de schistes rouges et verdâtres. . . . . .   2   20
46 Grès rouge avec taches verdâtres. . . . . . . . . . .   1   40
47 Schistes rouges et verdâtres avec amandes calcaires. .   2   »»
48 Grès à gros grains de couleur blanchâtre. . . . . . .   0   80
49 Schistes rouges et verdâtres avec amandes calcaires . .   1   »»
50 Alternance de grès et de schistes rouges. . . . . . .   1   40
51 Grès à gros grains blanchâtre. . . . . . . . . . . . .   2   20
52 Schistes rouges et verdâtres avec amandes calcaires. .   1   50
53 Grès à gros grains blanchâtre. . . . . . . . . . . . .   3   »»
54 Schistes rouges et verdâtres. . . . . . . . . . . . . .   3   50
55 Grès gris rougeâtre avec nœuds de poudingue . . . .   1   50
56 Schistes argileux rouges à taches verdâtres. . . . . .   3   30
57 Grès houiller gris blanchâtre. . . . . . . . . . . . .   0   80
58 Grès houillers gris avec lits de schistes argileux. . .   5   10
59 Grès houillers gris avec galets. . . . . . . . . . . . .   5   80
60 Grès rouges avec taches verdâtres et nœuds calcaires.   4   60

*A reporter.* . . . . . 188<sup>m</sup>,40<sup>c</sup>

|  |  |  |  |
|---|---|---|---|
|  | *Report* . . . . . | 188$^m$,40$^c$ |  |
| 61 | Alternance de grès houillers et de schistes bruns avec amandes calcaires et filets charbonneux . . . . . | 12 | 70 |
| 62 | Charbon de bonne qualité à 201$^m$,10 de profondeur . . | 0 | 80 |
| 63 | Schiste argileux noir avec lames charbonneuses . . . . | 0 | 60 |
| 64 | Charbon à chaux . . . . . . . . . . . . . . . . . . | 0 | 10 |
| 65 | Schiste argileux brun avec lames charbonneuses . . . | 0 | 65 |
| 66 | Charbon à chaux . . . . . . . . . . . . . . . . . | 0 | 10 |
| 67 | Schiste argileux brun . . . . . . . . . . . . . . . | 0 | 35 |
| 68 | Charbon à chaux . . . . . . . . . . . . . . . . . | 0 | 15 |
| 69 | Schistes argileux bruns . . . . . . . . . . . . . . | 1 | 05 |
| 70 | Charbon à chaux . . . . . . . . . . . . . . . . . | 0 | 05 |
| 71 | Schistes argileux bruns . . . . . . . . . . . . . . | 4 | 20 |
| 72 | Charbon à chaux . . . . . . . . . . . . . . . . . | 0 | 20 |
| 73 | Grès houiller blanchâtre . . . . . . . . . . . . . . | 1 | 20 |
| 74 | Charbon à chaux maigre . . . . . . . . . . . . . . | 0 | 25 |
| 75 | Grès houillers gris, bruns et blanchâtres . . . . . . . | 3 | 25 |
| 76 | Grès houillers bruns avec amandes calcaires . . . . . | 4 | 70 |

Profondeur totale . . . . . 215$^m$,75$^c$

# ANNEXE N° 17.

## *Coupe du sondage d'Engleville (n° 57).*

|  |  |  |  |
|---|---|---|---|
| 1 | Terre végétale . . . . . . . . . . . . . . . . . . . . . | 0$^m$,50$^c$ |  |
| 2 | Argile . . . . . . . . . . . . . . . . . . . . . . . . | 1 | »» |
| 3 | Sable jaunâtre avec gravier . . . . . . . . . . . . . | 0 | 50 |
| 4 | Glaise sableuse jaunâtre . . . . . . . . . . . . . . . | 4 | 20 |
| 5 | Grès friable brun avec taches jaunâtres et rougeâtres . | 5 | 40 |
| 6 | Sable jaunâtre et gravier . . . . . . . . . . . . . . | 2 | 40 |
| 7 | Schistes argileux rouges avec taches verdâtres . . . . | 2 | 05 |

*A reporter* . . . . . 15$^m$,05$^c$

Report . . . . . 16<sup>m</sup>,05c

|  |  |  |
|---|---|---|
| 8 | Alternance de grès et de schistes rouges . . . . . . . . | 1  20 |
| 9 | Poudingue quartzeux à gangue de grès rouge . . . . | 0  80 |
| 10 | Alternance de grès et de schistes rouges . . . . . . . | 1  20 |
| 11 | Poudingue quartzeux à gangue de grès rouge . . . . | 2  30 |
| 12 | Schistes argileux rouges avec taches verdâtres et petits bancs de grès rouge . . . . . . . . . . . . . . . | 8  10 |
| 13 | Grès rouge . . . . . . . . . . . . . . . . . . | 1  50 |
| 14 | Alternance de grès et de schistes rouges . . . . . . | 1  70 |
| 15 | Schistes argileux rouges avec taches verdâtres . . . . | 1  15 |
| 16 | Alternance de grès et de schistes rouges . . . . . . | 1  70 |
| 17 | Grès rouge passant au poudingue . . . . . . . . . | 0  30 |
| 18 | Alternance de grès et de schistes rouges . . . . . . | 3  85 |
| 19 | Grès rougeâtre . . . . . . . . . . . . . . . . | 0  25 |
| 20 | Alternance de schistes et de grès rouges avec galets . | 1  75 |
| 21 | Alternance de schistes et de grès rouges avec amandes calcaires . . . . . . . . . . . . . . . . . . | 11  25 |
| 22 | Alternance de grès rouges et de schistes argileux tachetés . . . . . . . . . . . . . . . . . . . | 1  80 |
| 23 | Poudingue quartzeux à gangue de grès rouge . . . . | 0  20 |
| 24 | Alternance de grès et de schistes rouges avec amandes calcaires . . . . . . . . . . . . . . . | 4  75 |
| 25 | Schiste argileux gris-brun . . . . . . . . . . . | 0  15 |
| 26 | Calcaire gris-blanchâtre . . . . . . . . . . . . | 0  15 |
| 27 | Grès rouge . . . . . . . . . . . . . . . . . | 0  60 |
| 28 | Grès rouges avec blocs de roches éruptives . . . . . | 5  30 |
| 29 | Grès rougeâtre . . . . . . . . . . . . . . . . | 1  55 |
| 30 | Alternance de grès et de schistes rouges . . . . . . | 5  30 |
| 31 | Poudingue quartzeux à gangue de grès rouge . . . . | 1  30 |
| 32 | Alternance de schistes et de grès rouges . . . . . . | 0  90 |
| 33 | Grès rouge . . . . . . . . . . . . . . . . . | 1  20 |
| 34 | Poudingue quartzeux à gangue de grès rouge . . . . | 0  50 |
| 35 | Alternance de grès et de schistes rouges . . . . . . | 0  40 |
| 36 | Grès rouge avec parties blanchâtres . . . . . . . . | 2  40 |
| 37 | Calcaire grisâtre . . . . . . . . . . . . . . . | 0  30 |
| 38 | Alternance de schistes et de grès rouges avec galets . | 1  05 |

A reporter . . . . . 80<sup>m</sup>,95c

|  |  |  |  |
|---|---|---:|---:|
| | *Report.* . . . . . | 80$^m$,95$^c$ |
| 39 | Grès rouge passant au poudingue. . . . . . . . . . . . | 0 | 65 |
| 40 | Alternance de schistes et de grès rouges. . . . . . . . | 2 | 70 |
| 41 | Grès rouge. . . . . . . . . . . . . . . . . . . . . . . | 1 | 80 |
| 42 | Alternance de schistes et de grès rouges avec amandes calcaires . . . . . . . . . . . . . . . . . . . . . . . | 2 | » |
| 43 | Calcaires blancs, rougeâtres et bleuâtres. . . . . . . . | 1 | 30 |
| 44 | Alternance de schistes et de grès rouges. . . . . . . . | 2 | 40 |
| 45 | Grès rouge. . . . . . . . . . . . . . . . . . . . . . . | 0 | 50 |
| 46 | Calcaire grisâtre. . . . . . . . . . . . . . . . . . . . | 1 | 05 |
| 47 | Grès et schistes rouges avec amandes calcaires . . . . | 1 | 15 |
| 48 | Grès rouges. . . . . . . . . . . . . . . . . . . . . . . | 4 | 11 |
| 49 | Poudingue à gangue de grès rouge . . . . . . . . . . . | 0 | 70 |
| 50 | Grès rouges. . . . . . . . . . . . . . . . . . . . . . . | 5 | 10 |
| 51 | Grès rouge et schiste argileux avec amandes calcaires . . . . . . . . . . . . . . . . . . . . . . . | 0 | 50 |
| 52 | Grès rouge . . . . . . . . . . . . . . . . . . . . . . . | 0 | 70 |
| 53 | Alternance de schistes et de grès rouges. . . . . . . . | 1 | 60 |
| 54 | Calcaire gris-blanchâtre. . . . . . . . . . . . . . . . | 0 | 40 |
| 55 | Alternance de grès et de schistes rouges. . . . . . . . | 7 | 35 |
| 56 | Calcaire gris-blanchâtre. . . . . . . . . . . . . . . . | 0 | 15 |
| 57 | Alternance de grès et de schistes rouges. . . . . . . . | 4 | » |
| 58 | Calcaire gris-rougeâtre . . . . . . . . . . . . . . . . | 0 | 30 |
| 59 | Grès rouges. . . . . . . . . . . . . . . . . . . . . . . | 4 | 25 |
| 60 | Poudingue quartzeux. . . . . . . . . . . . . . . . . . | 0 | 65 |
| 61 | Grès rouge . . . . . . . . . . . . . . . . . . . . . . . | 1 | 15 |
| 62 | Schiste argileux gris-brun. . . . . . . . . . . . . . . | 0 | 15 |
| 63 | Calcaire gris-violacé. . . . . . . . . . . . . . . . . . | 0 | 25 |
| 64 | Alternance de schistes argileux et de grès gris . . . . | 0 | 75 |
| 65 | Alternance de schistes et de grès rouges, avec amandes calcaires . . . . . . . . . . . . . . . . . . . . . . . | 5 | 60 |
| 66 | Grès rouge . . . . . . . . . . . . . . . . . . . . . . . | 2 | 20 |
| 67 | Alternance de schistes et de grès rouges. . . . . . . . | 1 | 40 |
| 68 | Schistes argileux rouges, avec nœuds calcaires. . . . . | 1 | 15 |
| 69 | Calcaire grisâtre. . . . . . . . . . . . . . . . . . . . | 0 | 20 |
| 70 | Schiste argileux bleuâtre . . . . . . . . . . . . . . . | 0 | 20 |

*A reporter.* . . . . . 137$^m$,66$^c$

| | | | |
|---|---|---:|---:|
| | *Report.* . . . . | 137m, | 66c |
| 71 | Alternance de schistes et de grès rouges, avec amandes calcaires . . . . . . . . . . . . . . . . . . . . . | 11 | 30 |
| 72 | Calcaire grisâtre. . . . . . . . . . . . . . . . . . . | 0 | 25 |
| 73 | Schistes argileux rouges et bleus, avec amandes calcaires. | 5 | 89 |
| 74 | Calcaire gris . . . . . . . . . . . . . . . . . . . . | 0 | 60 |
| 75 | Schistes argileux rouges et verdâtres, avec amandes calcaires. . . . . . . . . . . . . . . . . . . . . . | 1 | 50 |
| 76 | Calcaire gris . . . . . . . . . . . . . . . . . . . . | 0 | 90 |
| 77 | Alternance de schistes et de grès rouges, avec amandes calcaires. . . . . . . . . . . . . . . . . . . . . | 2 | 90 |
| 78 | Calcaire gris-brun. . . . . . . . . . . . . . . . . . | 0 | 76 |
| 79 | Schistes argileux rougeâtres et bleuâtres, avec amandes calcaires. . . . . . . . . . . . . . . . . . . . . . | 0 | 75 |
| 80 | Calcaire grisâtre. . . . . . . . . . . . . . . . . . | 0 | 65 |
| 81 | Schiste argileux rougeâtre. . . . . . . . . . . . . . | 0 | 15 |
| 82 | Calcaire grisâtre. . . . . . . . . . . . . . . . . . | 0 | 85 |
| 83 | Schistes argileux rouges et bleuâtres. . . . . . . . . | 0 | 55 |
| 84 | Calcaire grisâtre. . . . . . . . . . . . . . . . . . | 0 | 30 |
| 85 | Schiste argileux blanchâtre, avec amandes calcaires. . | 0 | 45 |
| 86 | Schiste argileux rouge, avec amandes calcaires. . . . | 0 | 50 |
| 87 | Calcaire rougeâtre, avec filets schisteux. . . . . . . | 2 | 30 |
| 88 | Alternance de schistes et de grès rouges . . . . . . . | 9 | 09 |
| 89 | Grès rouges, avec galets . . . . . . . . . . . . . . | 3 | 75 |
| 90 | Alternance de schistes et de grès rouges, avec amandes calcaires et galets . . . . . . . . . . . . . . . . | 1 | 10 |
| 91 | Schiste argileux rouge avec galets . . . . . . . . . . | 1 | »» |
| 92 | Alternance de schistes argileux rougeâtres et bleuâtres . | 5 | 10 |
| 93 | Alternance de schistes et de grès rouges . . . . . . . | 3 | 15 |
| 94 | Calcaire grisâtre avec lits schisteux et gréseux . . . . | 0 | 65 |
| 95 | Alternance de schistes et de grès rouges avec amandes calcaires. . . . . . . . . . . . . . . . . . . . . . | 7 | 40 |
| 96 | Grès rouges et gris. . . . . . . . . . . . . . . . . | 0 | 90 |
| 97 | Alternance de schistes et de grès rouges. . . . . . . | 8 | 15 |
| 98 | Grès rougeâtre tacheté de jaune . . . . . . . . . . . | 0 | 90 |
| 99 | Alternance de schistes et de grès rouges. . . . . . . | 7 | 85 |
| | *A reporter.* . . . . . | 217m, | 20c |

|  |  | |
|---|---|---|
| Report. . . . . | 217m,20c |  |
| 100 Grès rouge renfermant des lames de grès gris-blanchâtre. . . . . . . . . . . . . . . . . . . . . . | 1 | 30 |
| 101 Poudingue à gangue de grès rouge . . . . . . . . . | 2 | 30 |
| 102 Alternance de schistes et de grès rouges . . . . . . | 3 | »» |
| 103 Poudingue quartzeux à gangue de grès rouge . . . . | 2 | 30 |
| 104 Alternance de schistes et de grès rouges . . . . . . | 5 | 85] |
| 105 Poudingue quartzeux à gangue de grès rouge . . . . | 2 | 40 |
| 106 Alternance de grès et de schistes rouges . . . . . . | 8 | 85 |
| 107 Poudingue quartzeux à gangue de grès rouge . . . . | 2 | 60 |
| 108 Alternance de schistes et de grès rouges. . . . . . . | 7 | 18 |
| 109 Grès rouges renfermant des galets. . . . . . . . . | 8 | 32 |
| 110 Alternance de schistes et de grès rouges.. . . . . . | 3 | 10 |
| 111 Poudingue quartzeux à gangue de grès rouge . . . . | 1 | 10 |
| 112 Alternance de schistes et de grès rouges.. . . . . . | 3 | 15 |
| Profondeur totale. . . . | 263m,65c |  |

---

# ANNEXE N° 18.

## *Coupe du puits Fumichon (n° 2).*

|  |  | |
|---|---|---|
| 1 Terre végétale. . . . . . . . . . . . . . . . | 0m,50c |  |
| 2 Glaise . . . . . . . . . . . . . . . . . . | 1 | 00 |
| 3 Schistes rouges maculés de vert. . . . . . . . . | 5 | 80 |
| 4 Calcaire gris-brun . . . . . . . . . . . . . | 1 | 00 |
| 5 Grès gris-rougeâtre avec nœuds jaunâtres . . . . . | 3 | 90 |
| 6 Calcaire gris-brun. . . . . . . . . . . . . . | 0 | 40 |
| 7 Schistes argileux rouges à tâches verdâtres. . . . . | 1 | 30 |
| 8 Grès rougeâtres et grisâtres. . . . . . . . . . | 1 | 20 |
| 9 Schistes argileux rouges à taches verdâtres. . . . . | 2 | 35 |
| 10 Calcaire gris-blanchâtre. . . . . . . . . . . | 1 | 80 |
| A reporter. . . . . | 19m,25 |  |

|  |  | *Report.* | 19<sup>m</sup>,25<sup>c</sup> |

11 Schistes argileux rouges à taches verdâtres. . . . . 2 90
12 Grès gris et rougeâtres. . . . . . . . . . 1 35
13 Schistes argileux rouges à taches verdâtres. . . . 1 85
14 Poudingue rougeâtre avec ciment calcaire. . . . 0 60
15 Grès rouge à grains fins. . . . . . . . 0 40
16 Schistes argileux rouges à taches verdâtres. . . . 1 20
17 Poudingue quartzeux rougeâtre et blanchâtre. . . 0 60
18 Grès rouges avec lits schisteux de même couleur. . 4 55
19 Grès rouges à gros grains passant au poudingue. . 0 40
20 Schistes argileux rouges avec taches verdâtres. . . 2 60
21 Grès rougeâtres et verdâtres avec petits galets. . . 1 10
22 Schistes argileux rouges à taches verdâtres. . . . 2 00
23 Grès rougeâtres et grisâtres. . . . . . . . 0 40
24 Schistes argileux rouges et lits schisteux bruns. . . 6 15
25 Grès schisteux rougeâtres et verdâtres. . . . . 1 00
26 Schistes argileux rouges à taches verdâtres. . . . 1 40
27 Grès rougeâtres et grisâtres. . . . . . . . 0 55
28 Schistes argileux rouges à taches verdâtres. . . . 6 00
29 Calcaire de couleur verdâtre . . . . . . . 0 60
30 Grès schisteux blanc et brun . . . . . . . 0 90
31 Calcaire gris-brun. . . . . . . . . . . 4 70
32 Calcaire noir et schistes renfermant des empreintes de
     poissons des genres *Palæonisus* et *Amblypterus.* . 0 40
33 Calcaire blanchâtre. . . . . . . . . . 1 50
34 Schistes argileux bruns avec amandes calcaires . . 3 85
35 Grès gris clair à grains fins. . . . . . . . 1 00
36 Schistes bruns. . . . . . . . . . . 2 00
37 Calcaire blanchâtre. . . . . . . . . . 2 65
38 Schistes argileux bruns. . . . . . . . . 0 15
39 Calcaire blanchâtre. . . . . . . . . . 0 70
40 Schistes argileux blancs et verdâtres. . . . . 0 45
41 Grès à gros grains gris et verdâtre . . . . . . 1 00
42 Schistes argileux verdâtres avec amandes calcaires . 1 40
43 Calcaire blanc et grisâtre . . . . . . . . 0 80
44 Schistes argileux rouges à taches verdâtres . . . 2 70

           *À reporter.* . . . . . 79<sup>m</sup>,10<sup>c</sup>

| | | m | c |
|---|---|--:|--:|
| | *Report.* . . . . . | 79m,10c | |
| 45 | Calcaire grisâtre et blanchâtre. . . . . . . . . . . | 4 | 90 |
| 46 | Schistes argileux bruns. . . . . . . . . . . . | 2 | 40 |
| 47 | Calcaire grisâtre et blanchâtre. . . . . . . . . | 0 | 50 |
| 48 | Schistes argileux rouges et verdâtres avec amandes calcaires. . . . . . . . . . . . . . . . | 3 | 70 |
| 49 | Calcaire brun et grisâtre. . . . . . . . . . . . | 0 | 50 |
| 50 | Schiste argileux rouge à taches bleuâtres . . . . . | 0 | 60 |
| 51 | Calcaire blanchâtre et grisâtre. . . . . . . . . . | 4 | 40 |
| 52 | Schiste argileux rouge et verdâtre avec amandes calcaires. | 0 | 60 |
| 53 | Calcaire rougeâtre et verdâtre. . . . . . . . . | 1 | 00 |
| 54 | Schistes argileux rouges et verdâtres avec amandes calcaires. . . . . . . . . . . . . . . . . | 14 | 40 |
| 55 | Calcaire gris blanchâtre. . . . . . . . . . . . | 0 | 40 |
| 56 | Schistes argileux rouges et verdâtres avec amandes calcaires. . . . . . . . . . . . . . . . . | 3 | 80 |
| 57 | Calcaire rougeâtre et blanchâtre. . . . . . . . . | 1 | 00 |
| 58 | Schistes argileux rouges avec lits gréseux et amandes calcaires. . . . . . . . . . . . . . . . . | 2 | 80 |
| 59 | Grès rouge à grains fins. . . . . . . . . . . . | 1 | 90 |
| 60 | Schistes argileux rouges avec amandes calcaires. . . | 3 | 40 |
| 61 | Grès à gros grains gris rougeâtre avec galets. . . . | 1 | 20 |
| 62 | Schistes argileux rouges à taches verdâtres. . . . . | 10 | 20 |
| 63 | Grès schisteux grisâtre, rougeâtre et verdâtre. . . . | 2 | 20 |
| 64 | Schiste rouge. . . . . . . . . . . . . . . | 1 | 05 |
| 65 | Calcaire blanchâtre. . . . . . . . . . . . . | 1 | »» |
| 66 | Schiste argileux rougeâtre et verdâtre. . . . . . . | 0 | 20 |
| 67 | Calcaire blanchâtre et grisâtre. . . . . . . . . . | 1 | 30 |
| 68 | Schistes argileux rouges . . . . . . . . . . . | 1 | 55 |
| 69 | Grès à gros grains rougeâtre et blanchâtre. . . . . | 3 | 10 |
| 70 | Schistes argileux rougeâtres et verdâtres avec amandes calcaires. . . . . . . . . . . . . . . . | 3 | 30 |
| 71 | Calcaire gris-brun . . . . . . . . . . . . . | 0 | 80 |
| 72 | Schistes argileux rouges à taches verdâtres . . . . | 4 | 40 |
| 73 | Grès rougeâtre et blanchâtre. . . . . . . . . . | 0 | 60 |
| 74 | Schistes argileux rouges à taches verdâtres . . . . | 0 | 70 |
| | *A reporter.* . . . . . | 156m,90c | |

*Report.* . . . . . 456<sup>m</sup>,90

75 Poudingue quartzeux à gangue de grès rougeâtre. . — 4 10
76 Schistes argileux rouges et verdâtres. . . . . . — 3 00
77 Grès rougeâtres et gris avec petits lits de schistes
    rouges. . . . . . . . . . . . . . . . . — 16 45
78 Poudingue quartzeux blanchâtre à ciment de grès
    blanc. . . . . . . . . . . . . . . . . . — 2 00
79 Grès houiller grisâtre avec galets. . . . . . . — 0 45
80 Grès houillers gris blanchâtres alternant avec des
    schistes bruns. . . . . . . . . . . . . . — 3 45
81 Poudingue quartzeux à gangue de grès blanchâtre. . — 2 »»
82 Alternance de grès houillers clairs et de schistes bruns. · 3 75
83 Poudingue quartzeux à ciment de grès blanchâtre. . — 4 20
84 Grès gris blanchâtre. . . . . . . . . . . . — 1 90
85 Poudingue quartzeux blanchâtre . . . . . . . — 2 10
86 Schistes argileux bruns. . . . . . . . . . . — 1 50
87 Calcaire gris jaunâtre . . . . . . . . . . . — 0 20
88 Schistes bruns avec lamelles charbonneuses à la base. — 2 20
89   Charbon    1<sup>er</sup> sillon. Gros gras : charbon à chaux. — 0 40
  à 207<sup>m</sup>,40<sup>c</sup> de   2<sup>e</sup>   id.   Charbon de forge. . . . — 0 50
  profondeur.   3<sup>e</sup>   id.   Charbon à chaux. . . . — 0 20
90 Schistes houillers noirs. . . . . . . . . . . — 1 80
91 Charbon à chaux . . . . . . . . . . . . . — 0 08
92 Schiste houiller (Escaille). . . . . . . . . . — 0 08
93 Charbon à chaux . . . . . . . . . . . . . — 0 05
94 Schiste noir. . . . . . . . . . . . . . . — 0 50
95 Charbon à chaux . . . . . . . . . . . . . — 0 15
96 Schiste houiller (Escaille) . . . . . . . . . — 0 05
97 Charbon schisteux. . . . . . . . . . . . . — 0 20
98 Schistes houillers . . . . . . . . . . . . . — 0 90
99 Charbon à chaux . . . . . . . . . . . . . — 0 15
100 Schiste houiller (Escaille) . . . . . . . . . — 0 06
101 Charbon à chaux de bonne qualité à 242<sup>m</sup>,52<sup>c</sup>. . . — 0 35
102 Grès houiller gris blanchâtre. . . . . . . . . — 1 83
103 Schistes noirs avec lames charbonneuses et bancs de
    grès. . . . . . . . . . . . . . . . . — 4 90

Profondeur totale. . . . . . 219<sup>m</sup>,60<sup>c</sup>

## ANNEXE N° 19.

*Coupes du Burch et du Sondage, faits en contre-bas de la couche exploitée dans le bassin de Fumichon.*

1° BURCK ( profondeur 10ᵐ,40ᶜ ).

|  |  |  |
|---|---|---|
| Couche de houille exploitée | 0ᵐ, ᵃˣ |  |
| 1 Schiste et grès schisteux | 1 | 60 |
| 2 Veinule charbonneuse | 0 | 05 |
| 3 Schiste brun | 0 | 10 |
| 4 Charbon | 0 | 10 |
| 5 Schiste | 0 | 10 |
| 6 Charbon | 0 | 15 |
| 7 Schiste | 0 | 30 |
| 8 Charbon très-maigre | 0 | 20 |
| 9 Schiste noir assez compacte | 1 | 10 |
| 10 Charbon maigre | 0 | 20 |
| 11 Schiste grisâtre | 0 | 30 |
| 12 Charbon maigre, feuilleté et pyriteux | 0 | 40 |
| 13 Grès houillers blanchâtres, à grains fins et à grains plus gros à la base | 5 | 50 |

2° SONDAGE ( Profondeur 68ᵐ,57 ).

|  |  |  |
|---|---|---|
| 14 Grès houiller grisâtre, à lits schisteux | 1 | 60 |
| 15 Grès schisteux gris clair et foncé | 2 | 20 |
| 16 Alternance de grès houillers et de schistes grisâtres | 5 | 70 |
| 17 Grès fin micacé, gris blanchâtre | 0 | 90 |
| 18 Poudingue quartzeux | 1 | 00 |
| 19 Alternance de grès houillers et de schistes bruns | 2 | 25 |
| 20 Grès schisteux brun | 2 | 65 |
| 21 Conglomérats à noyaux quartzeux | 1 | 20 |
| 22 Schistes et grès schisteux bruns noirâtres | 15 | 90 |
| *A reporter* | 43ᵐ,50ᶜ | |

|  |  |  |  |
|---|---|---:|---:|
| | *Report.* . . . . . | 43ᵐ,59ᶜ | |
| 23 | Schistes argileux, avec lamelles charbonneuses. . . . | 0 | 25 |
| 24 | Schistes mélangés de houille, à 43ᵐ,75. . . . . . | 2 | 00 |
| 25 | Schistes gris-bruns, sans traces de houille. . . . | 0 | 75 |
| 26 | Alternance de schistes et de grès, avec rognons quartzeux. | 6 | 85 |
| 27 | Poudingue. . . . . . . . . . . . . . | 4 | 75 |
| 28 | Alternance de schistes, grès et poudingues . . . . | 4 | 30 |
| 29 | Grès et schistes de teinte rougeâtre . . . . . . . | 0 | 95 |
| 30 | Poudingue et grès schisteux gris blanchâtre. . . . . | 4 | 43 |
| 31 | Grès schisteux rougeâtre avec rognons quartzeux. . . | 4 | 33 |
| 32 | Poudingue. . . . . . . . . . . . . . . | 0 | 41 |
| 33 | Grès gris rougeâtres. . . . . . . . . . . | 5 | 76 |
| 34 | Grès et schistes gris verdâtres avec galets . . . . | 4 | 44 |
| 35 | Grès grisâtre . . . . . . . . . . . . | 0 | 55 |
| 36 | Poudingue. . . . . . . . . . . . . . | 0 | 22 |
| 37 | Grès et poudingue dur. . . . . . . . . . | 4 | 34 |
| 38 | Alternance de grès rougeâtres et de schistes verdâtres . | 0 | 77 |

Profondeur totale. . . . . 78ᵐ,07ᶜ

# TABLE DES MATIÈRES.



## ANNEXES.

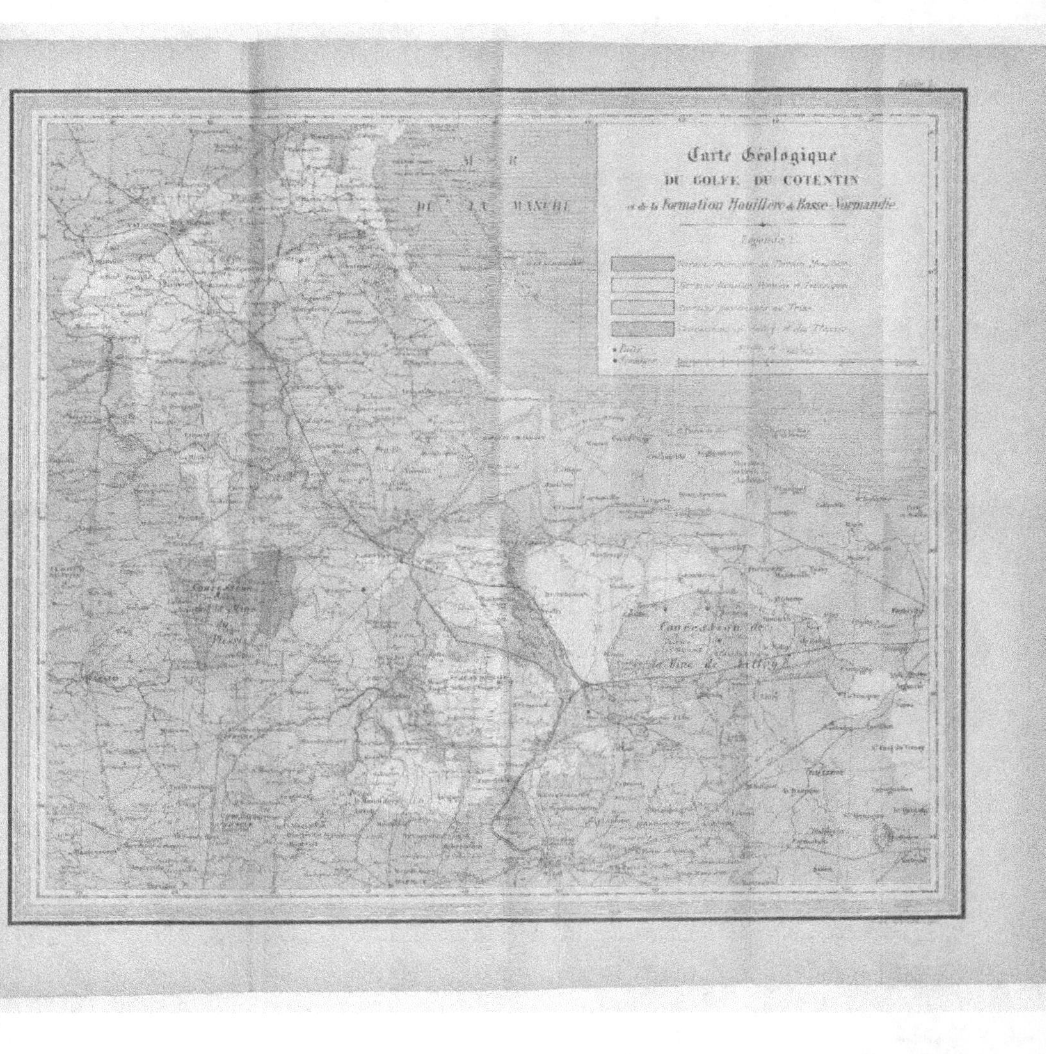
MER DE LA MANCHE
Carte Géologique
DU GOLFE DU COTENTIN
et de la Formation Houillère de Basse-Normandie
Légende

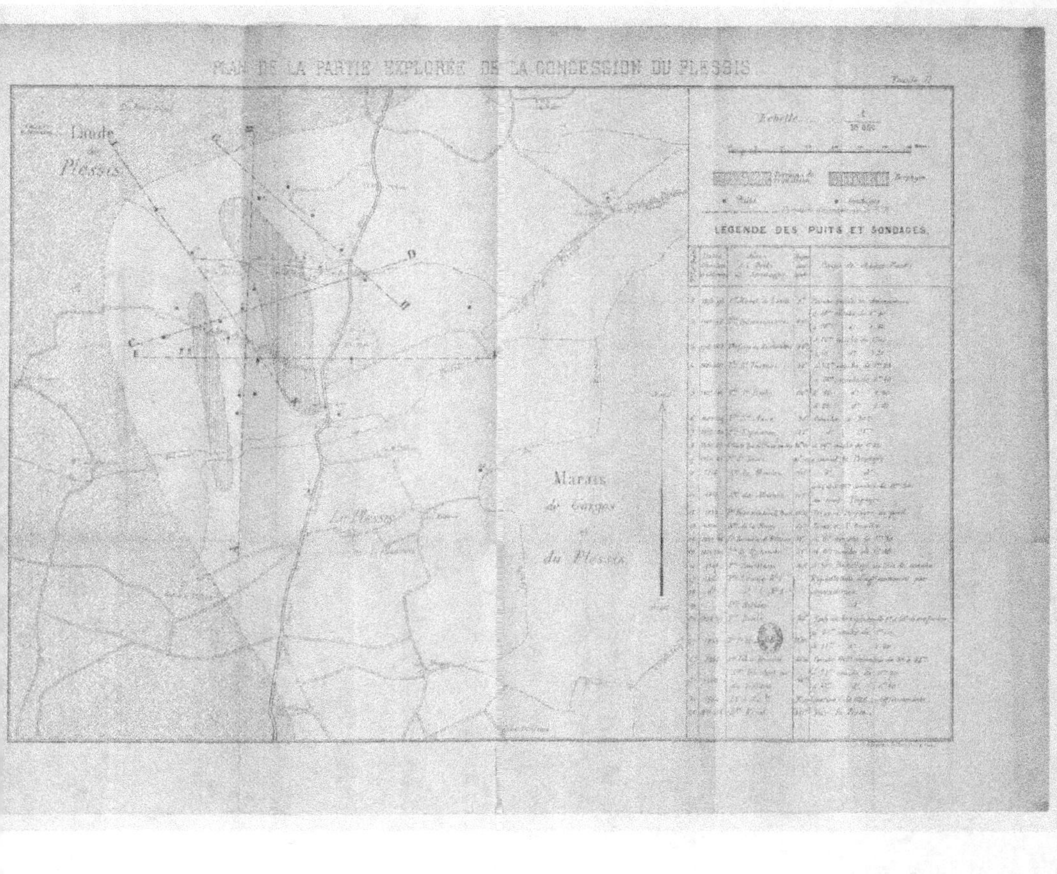

PLAN DE LA PARTIE EXPLORÉE DE LA CONCESSION DU PLESSIS
Bande de Plessis
Le Plessis
Marais de Garges et du Plessis
Echelle
LÉGENDE DES PUITS ET SONDAGES.

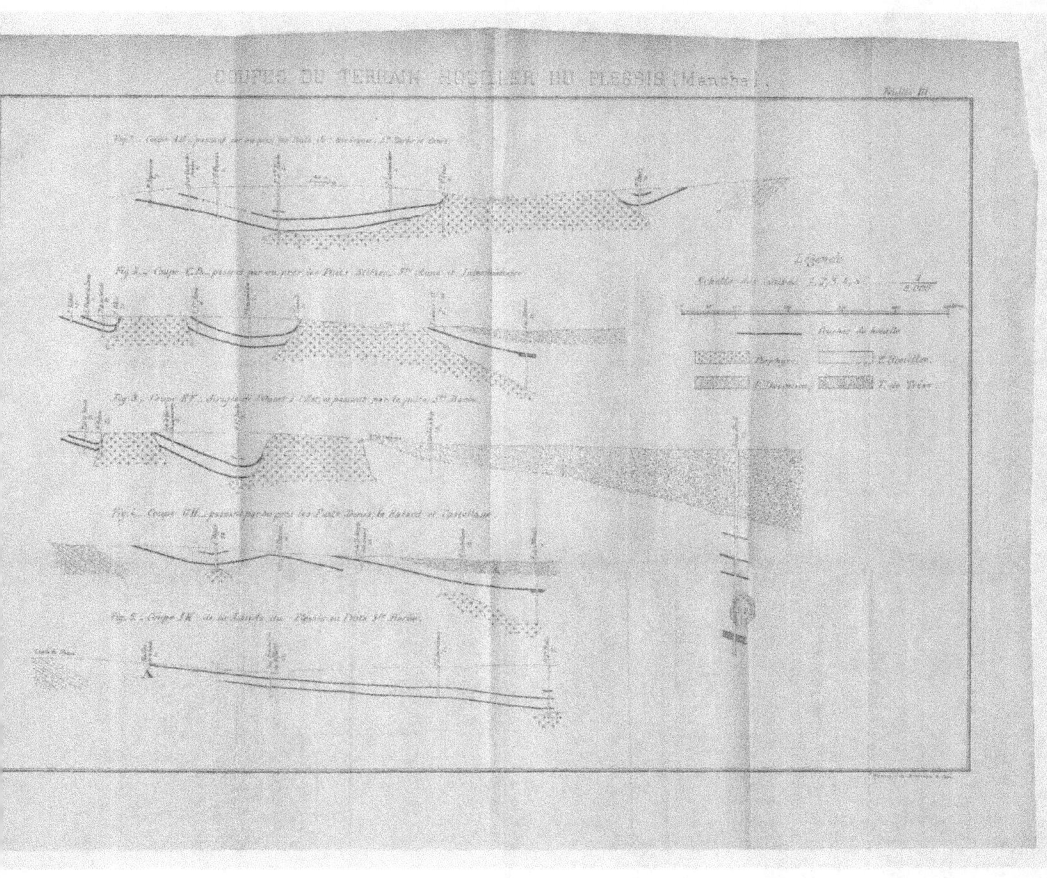

# LÉGENDE ET COUPES

### DES

## PUITS ET SONDAGES DE LA MINE DE LITTRY

| Numéros d'ordre. | DATES d'ouverture et d'abandon des puits. | DÉSIGNATION des fosses et sondages. | Profondeur totale. | LE PUITS A TRAVERSÉ | | | | | Puissance des couches de houille traversées. | OBSERVATIONS. |
|---|---|---|---|---|---|---|---|---|---|---|
| | | | | le tuiar et le terrain pendu sur | le terrain houillier sur | la houille à | les roches de soulèvement sur | le terrain de transition sur | | |
| 1 | 1763—1864 | Fosse Ste-Barbe | 121.95 | » | » | 120.75 | » | » | 2.15 | a servi à l'extraction du charbon. Petite couche à 93m. |
| 2 | 1759—1861 | Fosse Froudemiche | 97.43 | » | » | 94.50 | » | » | 2.73 | id. |
| 3 | 1757—1766 | Fosse Girard | 97.43 | » | » | 94.56 | » | » | 2.75 | id. |
| 3bis | 1735—1759 | Fosse Bailleul | 64.97 | » | » | 62. » | » | » | 2.73 | id. |
| 4 | 1754— » | Fosse Le Bourier | 64.07 | » | » | 62. » | » | » | 2.75 | id. |
| 5 | 1737— » | Fosse Thézard | 31.43 | » | » | 59. » | » | » | 2.46 | id. |
| 6 | 1789— » | Fosse veuve Prénux | 51.43 | » | » | 0.85 | » | » | » | id. |
| 7 | 1841—1815 | Fosse des Landes | 159.50 | 2.27 | 63. » | 45. » | » | 94.23 | 0.50 | a rencontré le terrain de transition. |
| 8 | 1861—1857 | Fosse Bénard | 117.80 | » | » | » | » | 117.80 | » | a servi à l'extraction du charbon. |
| 9 | 1755—1702 | Fosse Le Sauvage n° 2 | 29.03 | » | » | 27. » | » | » | 2.15 | id. |
| 10 | 1752— » | Fosse des Coctils | 97.43 | » | » | 90. » | » | » | 2.15 | id. |
| 11 | 1749—1760 | Fosse de la Machine à Feu | 116.95 | » | » | 111. » | » | » | 2.45 | id. |
| 12 | 1745—1752 | Fosse Pierre Raould | 91.47 | » | » | 59. » | » | » | 2.15 | id. |
| 13 | 1733—1745 | Fosse Le Sauvage n° 1 | 15. » | » | » | 15. » | » | » | 2.15 | id. |
| 14 | 1745— » | Fosse la Couture Raould | 21.15 | » | » | 19. » | » | » | 2.15 | id. |
| 15 | 1745— » | Fosse à Pompe | 59.42 | » | » | 56. » | » | » | 2.15 | id. |
| 16 | 1776—1795 | Fosse des Bouzeries | 16.29 | » | » | 6.86 | » | » | 2.15 | id. |
| 17 | 1782—1863 | Fosse St-Georges | 326.74 | » | » | 130. » | » | 9. » | 2.15 | id. Petites couches à 102 et 174m. |
| 18 | 1757— » | Fosse la Pierre Bise n° 1 | 22.74 | » | » | » | » | » | » | a rencontré des brouillages charbonneux. |
| 19 | 1801— » | Fosse id. n° 3 | 11.58 | » | 44.58 | 18 d 2 | » | » | » | a rencontré des brouillages très-charbonneux à 15 et à 21m. |
| 20 | 1800—1812 | Grande fosse Goville | 228.04 | 38.04 | 189.43 | » | » | » | » | arrêtée dans le poudingue houiller. Brouillages charbonneux à 168m. |
| 21 | 1815—1815 | Fosse du Mont de Goville | 34.43 | » | » | » | » | » | » | a rencontré des brouillages charbonneux. |
| 22 | 1595— » | Fosse Pelcoq | 56.03 | » | 58.05 | 45. » | » | » | 9.48 | couche exploitée momentanément. |
| 23 | 1776—1776 | Fosse la Couture Gosset n° 1 | 33.18 | 12. » | 24.18 | 25. » | » | » | 0.50 | id. |
| 24 | 1776—1776 | Fosse id. n° 2 | 25.34 | 25.33 | » | » | » | » | » | abandonnée à cause de l'abondance des eaux. |
| 25 | 1784—1784 | Fosse id. n° 3 | 15.30 | 4.60 | 5.75 | 6.60 | » | » | 1.20 | couche inclinée à 45° exploitée momentanément. |
| 26 | 1807— » | Fosse des Moettes | 50.68 | 45. » | 55.08 | 35. » | » | » | 0.50 | a rencontré un brouillage très-charbonneux incliné à 50°. |
| 27 | 1786—1786 | Fosse la Couture Gosset n° 4 | 31.18 | 31.18 | » | » | » | » | » | abondance à cause de l'abondance des eaux. |
| 28 | 1852—1853 | Fosse des Capelles | 24.88 | 24.89 | » | » | » | » | » | id. |
| 29 | 1838—1859 | Sondage Degouxée | 73.16 | 43.81 | 17.50 | » | 12.34 | » | » | veinule de houille à 13m. |
| 30 | 1828—1828 | Fosse de la Lande | 13.60 | 13.60 | » | » | » | » | » | abandonnée à cause de l'abondance des eaux. |
| 31 | 1849—1851 | Sondage de l'herbage du Breuil | 139.15 | 47.68 | 91.27 | » | » | » | » | arrêtée dans le poudingue houiller. |
| 31 bis | 1855—1857 | Fosse Dumortroy | 116.55 | 67.50 | 46.30 | 85.80 | 2.95 | » | 1.60 | a servi à l'extraction du charbon. |
| 32 | 1822—1845 | Fosse Noël | 107.23 | 56. » | 54.23 | 101.23 | » | » | 1.35 | id. |
| 33 | 1818—1850 | Fosse St-Charles | 102. » | 41. » | 65. » | 102. » | » | » | 1.60 | id. |
| 34 | 1826—1827 | Fosse du Carnet | 106.95 | 69. » | 31. » | » | » | » | 5.80 | a rencontré le pétrosilex porphyroïde. |
| 35 | 1839—1857 | Fosse Toqvais | 145.26 | 95.60 | 49.30 | 108.69 | 4.80 | » | 0.95 | a servi à l'extraction du charbon. |
| 36 | 1779—1781 | Fosse Morandet | 111.93 | » | » | 110. » | » | » | 0.50 | brouillages charbonneux. Fosse de recherche. |
| 37 | 1838—1839 | S⁀ du pré du Moulin du Molay | 97.18 | 91.55 | 5.57 | » | 16.06 | » | » | |
| 38 | 1773—1775 | Fosse Ste-Thérèse | 97.43 | » | » | 97. » | » | » | 0.53 | a servi à l'extraction du charbon. |
| 39 | 1852—1858 | Fosse du Vieux-Presbytère | 114.10 | 85.40 | 73.19 | » | 7.60 | » | » | |
| 40 | 1839—1839 | Sondage du Pré-Binet | 82. » | 68. » | 1.84 | » | 12.96 | » | » | |
| 41 | 1818—1845 | Fosse Floquet | 128.12 | 26.37 | 94.56 | 119. » | » | 7.13 | 0.50 | a servi à l'extraction du charbon. |
| 42 | 1839—1839 | Sondage du Maupas | 58.70 | 82.20 | 0.56 | » | 6. » | » | » | |
| 43 | 1850—1850 | Sondage du Pré-la-Rivière | 145.53 | 48.96 | 85.35 | » | 12.38 | » | » | veinule de houille à 115m. |
| 44 | 1850—1851 | Sondage du Mestry | 178.96 | 178.98 | » | » | » | » | » | est entièrement dans le trias et le terrain permien. |
| 45 | 1844—1845 | Fosse Lance ou de la Bogerie | 43.96 | 17.50 | 27.50 | 35.76 | » | » | 1.10 | a servi à l'extraction du charbon. |
| 46 | 1841—1842 | Sondage de la Conterie | 101.45 | 56.92 | 34.72 | » | 12.75 | » | » | terrain de soulèvement très-caractérisé au fond. |
| 47 | 1842—1842 | Sondage d'Origny | 69.75 | 51.35 | » | » | 17.40 | » | » | id. id. |
| 48 | 1842—1844 | Sondage de Fumichon | 238.10 | 167. » | 71.40 | 195.45 | » | » | 1.00 | » » |
| 49 | 1842—1842 | Sondage de la Sansonnerie | 48.40 | 34.60 | » | » | 13.50 | » | » | a rencontré le porphyre. |
| 50 | 1842—1843 | Sondage des Hauts-Vents | 143.40 | 36.40 | 95.85 | 57.73 | 10.85 | » | » | a rencontré le porphyre. Veinules de houille à 57 et 73m. |
| 51 | 1843—1843 | Sondage de la Siorderie | 96.85 | 34.75 | 57.40 | » | 15.70 | » | » | a rencontré le porphyre. |
| 52 | 1843—1844 | Sondage Guilleaume | 135.45 | 27.50 | 84.75 | » | 23.90 | » | » | veinules de houille à 53m,40 et à 61m. |
| 53 | 1844—1844 | Sondage des Crois | 125.40 | 31.70 | 57.05 | » | 9.35 | » | » | veinules de houille à 46m,45 et à 55m,05. |
| 54 | 1844—1844 | Sondage de la Jambe-à-Pied | 96.05 | 69.86 | » | » | 36.25 | » | » | » |
| 55 | 1854—1843 | S⁀ de l'herbage de la Bogerie | 85. » | 35.20 | » | » | 44.80 | » | » | » |
| 56 | 1854— » | Fosse Fumichon n° 1 | 215.75 | 173. » | 42.75 | 201.40 | » | » | 1.10 | sert à l'extraction du charbon. |
| 57 | 1849—1850 | Sondage d'Engleville | 263.95 | 263.65 | » | » | » | » | » | est entièrement dans le trias et le terrain permien. |
| 58 | 1857— » | Fosse Fumichon n° 2 | 219.69 | 181. » | 88.69 | 207.40 | » | » | 1.00 | sert à l'extraction du charbon. |
| 59 | 1857—1857 | Sondage en contre-bas du bassin de Fumichon | 78.17 | » | 78.17 | » | » | » | » | schistes charbonneux à 45° en contre-bas de la couche. |

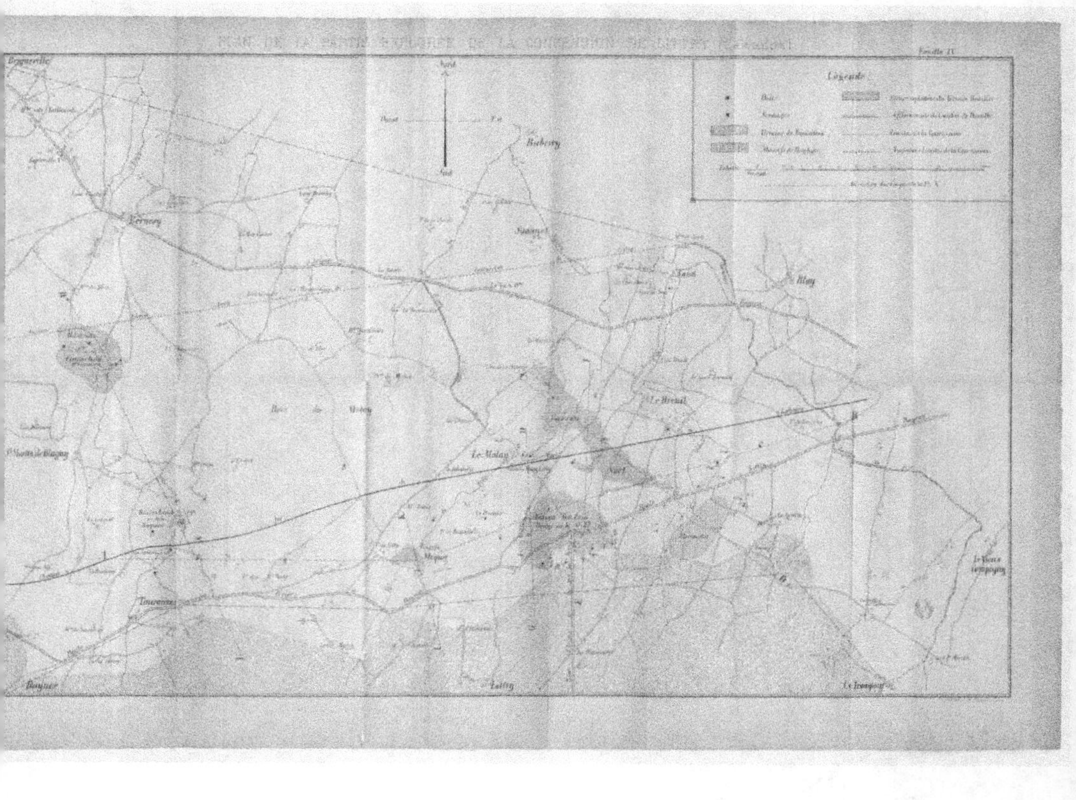

Légende
Nord
Sud
Riebecq
Fouille II

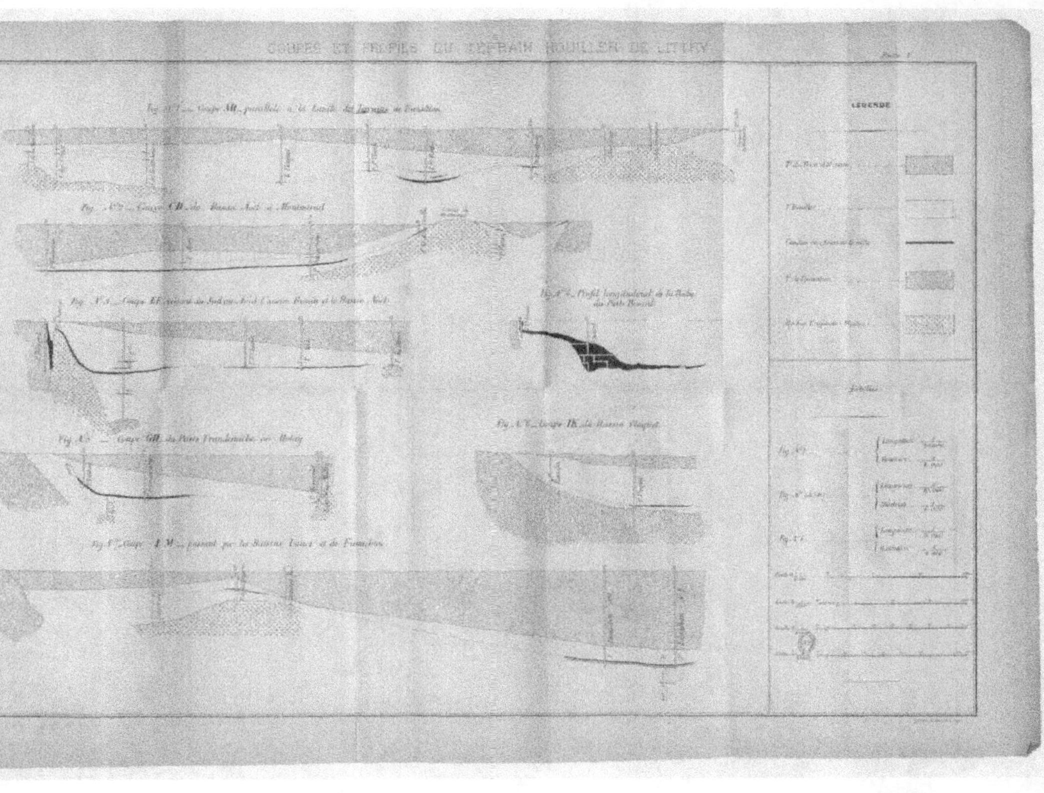


COUPES ET PROFILS DU TERRAIN HOUILLER DE LITTRY
LÉGENDE